みんなのVue.js

現場で役立つ実践ノウハウ

―著―
野田陽平
門脇恒平
山田敬美
高橋和樹
藤川淳史
韓徹

技術評論社

はじめに

「みんなのVue.js」を手に取っていただき、ありがとうございます。

本書は、日頃からVue.jsを使用してWebアプリケーションを開発している、エンジニアやデザイナーによって書かれています。著者らがサービス開発の際にたどってきたさまざまな経験やアイデアをまとめています。

本書は、Vue.jsを使用したアプリケーション開発についての本ですが、Vue.jsの入門書ではありません。また、この方法が正解である、といったことを示すものでもありません。当然、Vue.js自体が最良の選択肢とも限りません。この本に書かれていることをそのまま真似してもうまくいかないこともあるでしょう。サービス開発は、事業や組織、プロジェクトの状況に依存し、特定のプロジェクトの事例を直接当てはめてもうまくいかないことが多々あるからです。さまざまな選択肢のなかから優先順位をつけ、状況に応じて適切に取捨選択をしていかなければならないため、最適な方法はそのプロジェクトの状況に応じて異なる、と言わざるを得ません。しかし、問題にぶつかったり、迷ったりしたときの1つの考え方のヒントになることがあるかもしれません。アプリケーション開発に取り組むエンジニアやデザイナーの皆様に、少しでも本書がお役に立てば幸いです。

Vue.jsはいまや日本国内において爆発的な人気を誇り、フロントエンド開発をおこなう際のフレームワーク選定の選択肢として、ReactやAngularJSなどと共に挙げられるようになってきました。Vue.jsが日本においてここまで多く使用されるようになったのは、ドキュメントが日本語に翻訳されていることや、コミュニティ活動が活発であることなど、さまざまな理由が挙げられると思います。しかし、コミュニティ活動や技術ブログ、書籍等で多くの事例が公開されている一方で、サービスの開発開始フェーズから大規模化に至るまで、また、開発組織によるさまざまな試行錯誤についてまとめたものはあまり見かけません。そこで本書では、それらについてまとめる試みをおこないました。

著者らが所属する株式会社プレイドでは、「KARTE」というSaaSを開発していますが、Vue.jsが0.x系の2014年からその管理画面の開発にVue.jsを使い続けています。開発の初期段階からサービスが大規模化する今日に至るまで、理想の状態を目指してトライアンドエラーを重ねてきました。

近年、フロントエンド開発技術は目まぐるしい発展をとげ、さまざまな用語が飛び交っています。しかしながら、世の中で流行っている技術があるからといって、必ずしも自分たちの目的や状況に合ったものであるとは限らず、我々も最新技術を闇雲に導入していくことはしていません。それらの選定の際に、プロダクトの開発フェーズがどういった状況か、チームがどういった状況か、今後の採用計画はどうなのか、また、そもそもどういった事業進捗を目指すのか、などによって結果が異なるでしょう。つまり、それぞれのエンジニアが事業からブレークダウンして仮説を立て、検証して良いものを残していくという態度が必要だと考えています。

世の中にはベストプラクティスがさまざまな形で共有されています。新しいツールや開発手法も次々と生み出されており、日々便利になっています。しかし、プロジェクトの規模感や特性、状況に応じて、それらを導入すべきか否かは適切に判断しなければなりません。プロジェクトが小さな時にはある手法を使わずに開発したほうが効率が良くても、大規模化が進むにつれてその手法の導入を検討すべきタイミングが来るということもあります。弊社のプロジェクトも、小さなものが徐々に大きくなっていくにつれて、さまざまな問題にぶつかってきました。しかしながら、実際にその問題にぶつかる前にすべてをきれいに整備しておくべきであったかというと、そうとも限りません。それよりも、何か問題があったときにすばやく実装を変えられる状態を保つほうが、プロジェクトとしては健全かもしれません。ましてや、ビジネス的な観点でも不確実性が高いスタートアップなどではなおさらです。

本書では、Vue.jsをプロジェクトで使用するうえでのさまざまなフェーズにおける「開発上の観点」について紹介しつつ、それに対する「アイデア」を紹介します。それらの観点やアイデアが、ひとつでもプロジェクトをより良い方向に促進するお役に立てば幸いです。

2021年1月20日　著者を代表して　野田陽平

本書の読み方

ここで、本書の構成を説明します。本書は、各章ごとに独立して読むことができるような構成になっています。したがって、1章から順番に読まずに、現在課題だと感じられている開発上の観点が書かれている章を選んで読んでいただいて構いません。

第1章「大規模なアプリケーションにも耐えられるルーティングとレンダリング」

大規模になりうるアプリケーションを作成する際のルーティングやレンダリング（SSR及びCSR）について、おもにパフォーマンスの観点から解説しています。また、大規模アプリケーションの開発で必要になることが多い、権限管理についても、ルーティングの戦略と照らし合わせて解説しています。

第2章「状態管理パターン」

状態管理について解説します。Vue.jsにおいての状態管理と聞くと、Vuexを思い浮かべるかと思いますが、シンプルな場合はローカルステートのみを使って状態管理をおこなうのも良いかもしれません。一方、大規模なアプリケーションの場合はストアパターンを使用すると良いのですが、なぜそのような戦略をとるのかについても解説しています。また、Vuexを使用した場合、また、シンプルなstoreパターンを使用した場合に、それぞれどういったメリット・デメリットがあるかも解説しています。章の後半では、Vue.js 3.0で導入されたComposition APIを利用した状態管理についても解説しています。

第3章「Vue.jsにおけるCSS設計」

Scoped CSSを活用したVue.jsにおけるCSS設計についての解説や、CSSのTipsを掲載しています。チームで開発する場合にScoped CSSを活用すると、それぞれのコンポーネントに閉じてスタイルを当てられて便利な一方で、全体のCSS設計が無秩序になりがちです。ここでは、プロダクトの開発におけるさまざまなバランスを加味した全体設計の工夫についても解説しています。

第4章「UIコンポーネントの開発」

アプリケーションの見た目に責務を持つコンポーネントに焦点をあて、開発方法について解説しています。コンポーネント指向開発が主流となった流れ、Vue.jsにおけるコンポーネントについての解説、また具体的な開発方法について触れています。章の後半にVue.js 3.0で登場したUIコンポーネントに関係する機能を紹介しています。

第5章「品質を高める」

アプリーションの品質を高めるために必要な考え方やテスト手法の概要について紹介しています。静的解析や単体テスト、結合テスト、E2Eテストといったさまざまな粒度のテスト手法をVue.jsアプリケーションに対して実施する方法や、コストパフォーマンス良く継続的にテストを実施するために考慮すべきポイントについて解説します。

第6章「パフォーマンスを改善する」

Webアプリケーションにおけるパフォーマンスの重要性を説明と、目的に応じたパフォーマンス計測の方法や改善のためのアプローチについて紹介しています。おもにJavaScriptファイルサイズの削減や、ロードにかかる時間の短縮について着目し、Vue.jsアプリケーションでの適用例も交えながら解説します。

第7章「アプリケーションの提供範囲を広げる」

開発しているアプリケーションを使用できるユーザーの範囲を広げる方法について書いています。単一の言語を想定してアプリケーションを書いていたが、その言語以外にもアプリケーションを提供したい場合の国際化の方法について、また、アクセシビリティについて触れています。i18nに関しては、取り組む前に考慮しておくべき点や、Vue.jsのプラグインであるVueI18nの使い方を解説しています。

第8章「エコシステムの活用と貢献」

Vue.jsのコアチームメンバーでもある川口和也氏（@kazu_pon）の「エコシステムの活用と貢献」をテーマとしたインタビューを収録しています。Vue.jsの魅力や、Vue I18nについて、また、企業に所属しながらOSS活動をおこなう意義などについて話しています。

謝辞

本書を完成させるにあたって、多くの方の助けをいただきました。

まず、Evan You氏はじめ、Vue.jsのコミュニティに貢献する多くの方々に感謝と敬意を表明します。

また、技術評論社のみなさまにも御礼申し上げます。野田大貴様には、本書の企画のご紹介をいただきました。また、編集者の西原康智様には、最後まで原稿の修正にお力添えいただきました。

次に、株式会社プレイドの同僚にも感謝します。この本に書かれていることの多くは、日々サービスを共に作っていく中でのディスカッションや前向きなトライアンドエラーによるものです。また、特に川口和也(kazupon)さんには、第8章のインタビューや原稿に対するコメントなど、さまざまな場面でご協力いただきました。

また、共著者のご家族・ご友人の皆様にも感謝します。執筆期間中、著者を支えていただきありがとうございました。

最後に、執筆のために支えてくれた妻と子供に感謝します。新型コロナウイルス感染拡大で未曾有の状況下でしたが、支えがあったからこそ完成させることができました。ありがとう。

野田陽平

目次

第 1 章
大規模なアプリケーションにも耐えられるルーティングとレンダリング

第 **2** 章

状態管理パターン

第3章

UIコンポーネントの開発

第 5 章

品質を高める

第 6 章

パフォーマンスを改善する

第 7 章

アプリケーションの提供範囲を広げる

第1章

大規模なアプリケーションにも耐えられるルーティングとレンダリング

大規模アプリケーション開発時には、最初にアーキテクチャ全体に影響する判断をおこなう必要があります。

この章では、Vue.jsでのルーティングとレンダリングの方法について学び、アプリケーションが大規模化していってもさまざまな問題が生じないよう準備します。

1-1 パフォーマンスの指標を知る

アーキテクチャやパッケージの採用基準の1つに、Webのパフォーマンスがあります。Webのパフォーマンスとは、端的に言うと、ユーザーのリクエストに対して、どのぐらい高速にレスポンス（画面）を返せるかです。

この基準については、単純に速い／遅いという数字だけではなく、「この部分が速い／遅いと、何についての議論なのか」を明確に区別する必要があります。この指標については、Googleから以下の記事が提示されています。本書でも以下の指標を使用します。

- Rendering on the Web - Web上のレンダリング：
  https://developers.google.com/web/updates/2019/02/rendering-on-the-web?hl=ja

[Webパフォーマンスの指標]

指標	内容
TTFB（Time to First Byte）	リンクをクリックしてから、コンテンツの最初のビットが来るまでの時間
FP（First Paint）	何らかの情報がユーザーに表示される最初のタイミング
FCP（First Contentful Paint）	リクエストしたコンテンツ（記事の本文など）が表示されるようになった時間
TTI（Time To Interactive）	ページが対話可能（イベントが通ったなど）になった時間

1-2 ルーティング

アクセスされたURLに対して、適切なページを返すしくみをルーティングと呼びます。Vue.jsにおいては、アクセスされたURLに対して、どのVueコンポーネントを返すかを決定する必要があります。

あるURLへのアクセスに対して、どの画面、どのVueコンポーネントを返すかを決定する方法は、以下の2通りあります。

- サーバーサイドルーティング：Node.js/Expressなど、サーバーサイドでルーティングして、URLに該当するWebページを返す
- フロントエンドルーティング：初回のアクセスでページ全体を返し、フロントエンドでルーティン

グして、URLに応じて適切なページ、コンポーネントを表示する

もちろん、この2つはどちらか一方を排他的に選択するわけではなく、ある程度のグループで返してその中ではフロントエンドでルーティングするなど、中間的な選択も可能です。

ルーティング方法におけるパフォーマンスについては、通常、フロントエンドルーティングのほうが高いです。これは、単純にページ変更時サーバーへリクエストを送ってレスポンスを待つ時間がなくなるためです。つまり、パフォーマンスの指標で言うと、TTFB、FPが向上します。ただし、画面切り替え時、そのコンテンツをサーバーに取得しにいく必要がある場合、FCP、TTIはほぼ同等に留まります。

自分のアプリケーションがどこでルーティングすべきかについては、以下のような点を考慮する必要があります。

- 1回のアクセスでサーバーから取得するファイルはどの程度になるか
- ユーザーの認証や権限管理は、サーバーサイドとフロントエンドのどちらでおこなうのか。またその情報はどこで管理するか

ただし、これらの判断基準については、使用する技術やその設定によって判断基準は大きく変わってきます。たとえば、フロントエンドのファイルサイズについては、モジュールバンドラ（webpackなど）の設定によって変化し、アーキテクチャ選択の戦略にも大きく影響を与えます。これらの個別の技術や設定について、以降で見ていきます。

なお、これ以降のモジュールバンドラについては、webpackの採用を前提にしています。webpackについては、公式ドキュメントや第6章を確認してください。

Vue Routerでのコード分割と遅延ローディング

Vue.jsのフロントエンドでのルーティングには、公式のライブラリであるVue Routerを使うことが多いです。

- Vue Router：https://router.vuejs.org/ja/

Vue Routerの使い方とルーティングの書き方については、公式ドキュメントがわかりやすいのでそちらを読んでください。ここでは、アーキテクチャの検討の際に大事な手法として、コード分割と遅延ローディングについて説明します。

通常、Vue Routerのルーティングの定義には、そのルーティングで使用するVueコンポーネントのインポートを追加していきます。ただし、普通にインポートを追加していくと、このルーティングが実行される際、常にすべてのコンポーネントがロードされ、バンドルされるJavaScriptが非常に大きなものになります。

```
import Foo from './Foo.vue';
```

これを、以下のように書き換えることで、Vueの非同期コンポーネント機能とwebpackによる動的importを使って、コード分割が可能になります。

```
const Foo = () => import('./Foo.vue');
```

現在のルートで必要なコンポーネントのみロードするので、Webページの軽量化が期待できます。パフォーマンスの指標で言うと、初回のFP、FCP、TTIが向上します。

逆に、いくつかのコンポーネントグループは同じ分割にまとめたいケースがあります。同じタイミングで呼び出されることがあらかじめわかっていて、別ファイルとして読み込むことで読み込みの効率が少し悪くなるようなケースです。こういった場合には、webpackの特別なコメント構文（webpack 2.4以降で対応しています）を使用することで、同じ分割（チャンク）にまとめることができます。

```
const Foo = () => import(/* webpackChunkName: "group-foo" */ './Foo.vue')
const Bar = () => import(/* webpackChunkName: "group-foo" */ './Bar.vue')
const Baz = () => import(/* webpackChunkName: "group-foo" */ './Baz.vue')
```

これらの機能を活用することで、フロントエンドでのルーティングにおいても、ルーティング方法によるバンドルサイズの問題は基本的に存在しなくなります。

ルーティングと権限管理

大規模アプリケーションの開発においては、権限管理の機能が必要になることが多くあります。たとえば、「この画面はプレミアム会員のみアクセスできる」といったように、ユーザーのロールごとに細かく操作が制限されるような機能は、ほとんどのサービスに存在しています。

基本的に、フロントエンドのコードでユーザーの権限を制御するのは難しいです。単純に、ユーザーの権限によってリンクを非表示にしたとしても、ブラウザでURLを指定することでアクセスは可能です。もう少し複雑な制御をしても、その処理がフロントエンドでおこなわれている限り、ある程度知識のあるユーザーならその処理を読み解くのは（ある程度のコストをかければ）可能です。また、作る側としても、それが困難であると想定するのは危険です。

これを解決する方法はいくつかありますが、以下の3つが考えられます。

ルーティングをサーバーサイドでおこなう

当然のことですが、URLに対してコンテンツ（Webページ）を返すかどうかをサーバー側でおこなうことによって、権限管理は容易になります。アクセス時に、ユーザーの情報やアクセスしているデータをサーバー側のロジックでチェックできるため、そこにユーザーが介在することは根本的に困難です。

権限の単位でフロントエンドルーティングをおこなう

同じ権限の範囲内でのみフロントエンドでのルーティングをおこなうことで、初回のWebページアクセス時にサーバーサイドで権限チェックをおこない、権限チェック不要な範囲でフロントエンドのルーティングを実行できます。

ただし、権限管理が複雑な場合、ルーティングの分割が手間になります。

権限管理が必要なコンテンツ・操作を、サーバー側の処理に寄せる

ルーティング／ページの表示可否では権限チェックをせず、ページ内のコンテンツの表示を、非同期的にサーバー側にリクエストしておこなうこともできます。この場合、権限管理はサーバー側でおこなわれるので、実装は容易です。

ただし、せっかくフロントエンドでルーティングして表示の高速化を実現しているのに、コンテンツは別途サーバーサイドに取得しにいっているのでは、フロントエンドルーティングの利点が失われる可能性があります。

1-3 SSRとCSR

近年、従来のようにフロントエンドでデータ取得をおこない、動的にコンテンツのレンダリングをおこなう実装に対して、これらをサーバーサイドで実施する実装やサービスが増えてきました。この実装をSSR（Server Side Rendering）と呼びます。従来の実装をこの実装と比較して、CSR（Client Side Rendering）と呼びます。SSRとCSRの違いをかんたんにまとめると以下のようになります。

- SSR：サーバー側で必要なデータをデータベースなどから取得し、HTMLのDOMを構築してブラウザに返す
- CSR：通常のフロントエンドでJavaScriptを使ってデータ取得をおこない、ページを表示する

SSRのメリットは、コンテンツを速く表示できることです。逆にデメリットは、Webサーバー側の選択肢が限られること、適切にフレームワークを使わないと実装が大変なこと、サーバー側に負荷がかかることです。

パフォーマンスの指標で言うと、フロントエンドでデータの取得やレンダリングをする必要がないため、FPとFCPが向上します。また、サイズの大きなJavaScriptを取得して実行する必要もないので、TTIも向上します。ただし、サーバーサイドでの処理が増えるため、TTFBは一般的に悪化します。

以前の検索エンジンでは、非同期のJavaScriptがBOTによるコンテンツ取得時に考慮されないため、SSRがSEOに有効という状況がありました。しかし、現在ではその優位性は基本的にはなくなっているようです[注1]。

これは、Googlebotがheadless Chromiumの機能を使って、ページのレンダリングとJavaScriptの実行をおこなって得られたHTMLを解析し、search indexを作成しているためです[注2]。Googlebotが使用しているChromiumのバージョンは、これまでChrome41を使用しており、一部の記述は実行できないなどの問題がありました。しかし、以下のような記述がある[注3]ので、現在は最新のものが使用されるようになっているようです。

"Today, we are happy to announce that Googlebot now runs the latest Chromium rendering engine"

したがって、SEOのためだけにSSRを採用するのは割に合わない選択なのかもしれません。

また、ビルド時に特定のパスのみ静的なhtmlファイルを生成しておくこともできます。これをプリレンダリングと言います。webpackを使用している場合は、prerender-spa-pluginが利用できます。ただし、これはコンテンツの多様性が少ないページでのみ有意義で、コンテンツが常に変化したり、バリエーションが大量にある場合には不向きです。

- prerender-spa-plugin：https://github.com/chrisvfritz/prerender-spa-plugin

なお、SSRとCSRについては以下の4つの記事も参考になります。本章でもこちらを参考に説明します。

- Vue.js サーバサイドレンダリングガイド | Vue SSR ガイド：
  https://ssr.vuejs.org/ja/#サーバーサイドレンダリングガイド-ssr-とは何か
- Rendering on the Web - Web上のレンダリング | Google Developers：
  https://developers.google.com/web/updates/2019/02/rendering-on-the-web?hl=ja
- SSR, CSRについてのメモ | Qrunch（クランチ）：https://qrunch.net/@como/entries/

注1 Google Search and JavaScript Sites (Google I/O'19) - YouTube：
https://www.youtube.com/watch?v=Ey0N1Ry0BPM

注2 Understand the JavaScript SEO basics：
https://developers.google.com/search/docs/guides/javascript-seo-basics

注3 https://developers.google.com/search/blog/2019/05/the-new-evergreen-googlebot

wNz5sQ5ntxAX4Xi1

- SPA、SSR、プリレンダリングの違いをまとめてみた - Qiita：
https://qiita.com/amakawa_/items/e7d0720e1ab8632769bf

SSRの実装

サーバーサイドでのVueのレンダリングには、vue-server-rendererを使用します。vue-server-rendererは、Node.jsのネイティブモジュールに依存しているため、VueのSSRのサーバーサイドの選択肢は現状Node.jsのみとなります。

```
npm install vue vue-server-renderer --save
```

Node.jsのWebサーバー（たとえばExpress）で使用する場合は、以下のように記述します。

```
const Vue = require('vue')
const server = require('express')()
const renderer = require('vue-server-renderer').createRenderer()

server.get('*', (req, res) => {
  const app = new Vue({
    data: {
      url: req.url
    },
    template: `<div>The visited URL is: {{ url }}</div>`
  })

  renderer.renderToString(app, (err, html) => {
    if (err) {
      res.status(500).end('Internal Server Error')
      return
    }
    res.end(`
      <!DOCTYPE html>
      <html lang="en">
        <head><title>Hello</title></head>
        <body>${html}</body>
      </html>
    `)
  })
})

server.listen(8080)
```

HTMLはテンプレート化できます。以下のようにindex.template.htmlを用意します。

[index.template.html]

```
<!DOCTYPE html>
<html lang="en">
  <head><title>Hello</title></head>
  <body>
    <!--vue-ssr-outlet-->
  </body>
</html>
```

ここで、**<!--vue-ssr-outlet-->**の箇所が、サーバー側で生成したマークアップが挿入される箇所となります。

テンプレートを使用する際は、以下のようにファイルをVueレンダラーに渡します。

```
const renderer = createRenderer({
  template: require('fs').readFileSync('./index.template.html', 'utf-8')
})
renderer.renderToString(app, (err, html) => {
  console.log(html);
})
```

Expressでの実装例では、任意のURLを受け入れるよう'*'ハンドラを使用しています。これにより、任意のURLをVueに渡し、Vue側でルーティングをおこないます。こうすることで、サーバーサイドでもクライアントサイドでも同じVue Routerでのルーティングを使用できます。

SSRと権限管理

ルーティング方法を検討する際に権限管理について考慮しましたが、SSRでもその考慮が必要です。

SSR実装時、一般的にはフロントエンドでもサーバーサイドでもルーティングができる状態になっており、それぞれに対応して、処理はフロントエンド、サーバーサイド両方でおこなわれます。この際、「ユーザーにはアクセスされたくない処理（権限管理など）についてはサーバーサイドでのみおこなう」といった制御が別途必要になります。

たとえば、以下のような考慮をしながら実装をおこなう必要があります。

- 権限チェックが必要な箇所では、強制的にサーバーサイドでの権限チェックをおこなう
- チェックを元にコンテンツをSSRし、クライアントサイドに返す
- フロントエンドでは、権限チェックに関する情報は露出させない

Nuxt.jsでSSRを実装する

SSRの実装で何らかのフレームワークを使いたい場合、最初の選択肢はNuxt.jsとなります。

- Nuxt.js：https://ja.nuxtjs.org/

Nuxt.jsは、Vue.jsとその周辺の今後標準的に使われることが想定されるパッケージを含め、パッケージングしたフレームワークと考えることができます。開発者はNuxt.jsを使用することにより、個別のパッケージなどの設定がすでに済んだ状態でアプリケーションを開発できます。

実際、環境構築は非常に容易で、あらかじめ用意されたcreate-nuxt-appコマンドを実行すると、開発者は使用する言語やパッケージ等に関するいくつかの質問にウィザード形式で答えるだけで、自動で環境構築をおこなってくれます。レンダリングはデフォルトではSSRですが、SPAモードを選択することも可能です。

[nuxt.config.js]

```
export default {
  ssr: false,
  ...
}
```

また、nuxt generateコマンドによって、アプリケーションビルド時に、ルートやストアにあるファイルすべてに対してHTMLを生成できます。これをStatic Site Generationと言います[注4]。つまり、コードで実装したアプリケーションを、静的なコンテンツとして、何らかのコンテンツサーバーにホスティングすることもできます。また、ルーティングとディレクトリ構造の対応づけが自動でおこなわれるのも魅力的でしょう。

一方、Nuxt.jsは、Vue.jsサーバーサイドとクライアントサイドの両方で実行されることを想定して書く必要があったり、ライフサイクルがやや複雑であるため、それらに慣れるために多少学習コストがかかるかもしれません。しかし、一度学習してしまえば便利な面も多くあるでしょう。

Nuxt.jsでページ単位で権限チェックをおこなうには、middlewareのしくみを利用して、アクセス時に制御することができます。また、コンポーネント単位で権限チェックをおこなうには、表示できる権限がある場合はそのコンポーネントを、ない場合はフォールバック先の何も表示しない空のコンポーネントをレンダリングするように、ラッパーコンポーネントを用意する方法があります。ラッパーコンポーネントの中で表示したいコンポーネントをslotで渡すことで実現できます。くわしくは以下の記事をご覧ください。

注4　https://nuxtjs.org/docs/2.x/concepts/static-site-generation

- Nuxt.jsで権限管理：https://qiita.com/ushironoko/items/bbb4963ada6010afb5ea

Vue.js 1-4 アプリケーションの構成を考える

ここまで、ルーティング、レンダリングとそれに関連する権限管理について、アプリケーションが採用できる選択肢について見てきました。では、自分が作りたいアプリケーション、自社で開発を予定しているアプリケーションにとって、どのしくみを採用すべきでしょうか。大きくわけて以下の4つのケースが考えられるでしょう。

静的なコンテンツ中心のサービスの場合

CMSやblogのサービスなど、コンテンツは随時更新されていっているが、ユーザーに見せるデータとしては固まっているようなケースの場合は、SSRが適していると思います。特に、Nuxt.jsを使うことで手軽にサービス立ち上げられ、また静的なコンテンツの自動生成のしくみも構築することができます。

静的なコンテンツ中心だが権限管理を詳細におこないたいサービスの場合

権限管理についてはいくつかの方針を検討しましたが、SSRであればサーバーサイドでレンダリングと同時に権限チェックもおこなえます。ただし、サーバーサイドでレンダリングをおこなうため、アクセス数が大量に見込まれるサービスについては、サーバーサイドの負荷にどう対処するかの検討が必要です。

さまざまなデータを扱う動的なサービスの場合

サービスとしてさまざまなデータを扱い、画面でそれらを表示したり、検索したり、ソートしたりするようなアプリケーションを考えます。こういったアプリケーションにおいては、SSRの場合、検索やソート・絞り込みの際に都度画面をサーバーサイドから取得することになります。そのためパフォーマンスの面で適しているとは言えないです。従来のように、クライアントとサーバー間で画面の取得とは別の通信をおこない、表示するデータを更新していくべきでしょう。

そこまで大量のデータを扱うことは考えていないが、何らかの理由でNuxt.jsの採用はできない場合

クライアントサイドのレンダリングに比べ、サーバーサイドのレンダリングについてはまだそこまでライブラリなどが整っていないため、フロントエンドでの実装に比べ実装が複雑になったりコストがかかることが多いです。こういった理由を考慮し、あえてSSRは採用せず、従来どおりレンダリングはフロントエンドでおこなうという判断もあります。

開発を予定しているアプリケーションは、現時点で上記のどのような場合に該当するでしょうか。また、将来的に上記のどのような種類のアプリケーションに成長させようとしているでしょうか。アプリケーションの進化の可能性やアーキテクチャの変更コスト、チームの学習コストなどをふまえ、ルーティングやレンダリングの方針を決めてみましょう。

第2章

状態管理パターン

開発者にとって、アプリケーションの状態管理はとても大切なテーマです。なぜなら、アプリケーションとはユーザーとシステムが「状態」を介してやりとりをおこなうものであり、「状態」はアプリケーションの振る舞いを決定するものであるためです。つまり、状態管理を適切におこなうということは、アプリケーションを適切に動作させるということとイコールになります。

第2章ではVue.jsを利用したアプリケーション開発において、状態管理をどのように考え、実装していくべきかについて考察していきます。

2-1 状態管理とアプリケーションの構成要素

状態管理とは

アプリケーションの状態とは、ある時点におけるシステムの状態を、文字列や数値、真偽値、オブジェクト、配列といったさまざまなデータを用いて表現したものです。アプリケーションはこれらのデータを情報源（Source of truth）として、自らの振る舞いを決定することになります。

たとえば、Webアプリケーションが持つ状態には次のようなものがあります。

[状態の例]

状態	具体例
UIの状態	モーダルが開いている、タブが選択されている
DBから取得したデータ	ブログの記事データ、商品データ
通信処理の状態	あるデータの読み込み中である
ナビゲーションの状態	アプリケーションのどの位置にいるか

状態管理とは、こうした「アプリケーションの状態を表現するデータ」を適切に扱い、アプリケーションを正しく動作させるためにおこなう活動です。

アプリケーションの構成要素

アプリケーションのフロントエンドは、大きく分けて以下の3つの要素によって構成されます。これら3つの要素が有機的に関わりあうことにより、インタラクティブなインターフェースを持つ1つのアプリケーションとして動作することになります。

[アプリケーションの構成要素]

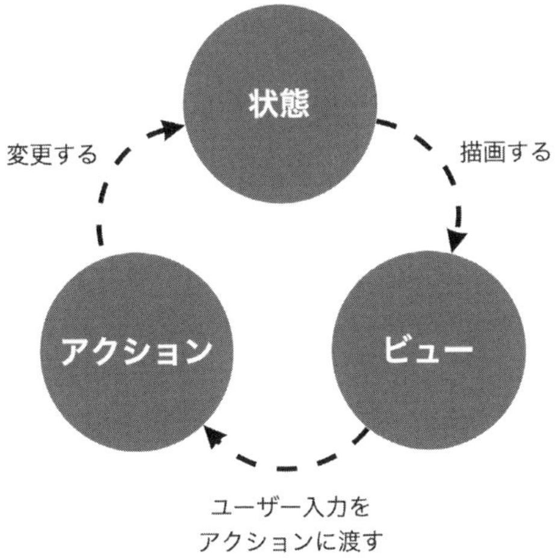

それぞれの要素が担う役割は以下のとおりです。これら3つの要素は、「状態→ビュー→アクション→状態→ビュー→アクション→……」といったサイクルで、一方向に関係し合う（依存し合う）ことになります。

[3つの要素が担う役割]

要素	役割
状態	アプリケーションの情報源としての役割を担う。
ビュー	UIを通して、ユーザーへと現在の状態を伝える。ユーザーから入力を受け取り次の処理（アクション）へと受け渡す。
アクション	ユーザーからの入力などに応じておこなう何らかの処理。たとえば、サーバーと通信や状態変更など。

状態データと派生データ

アプリケーションの状態を表現するデータには、以下の2種類のデータがあります。

- 状態データ（state data）
- 派生データ（derived data）

状態データとは、状態そのものを表す情報源としてのデータです。状態データは、変数・プロパティとして表現します。一般的に「状態」という言葉は、多くの場合がこの状態データのことを指しており、本書でも派生データとの比較が特に必要ないケースでは「状態」という言葉を使用しています。

派生データは、状態データを元に新たに算出するデータのことを指します。派生データは1つ以上の状態データに依存し、依存先の状態データの値に応じてその値が派生的に決定される特徴があります。こうした特徴から、派生データは同期的な関数・メソッドとして表現します。

[状態データと派生データ]

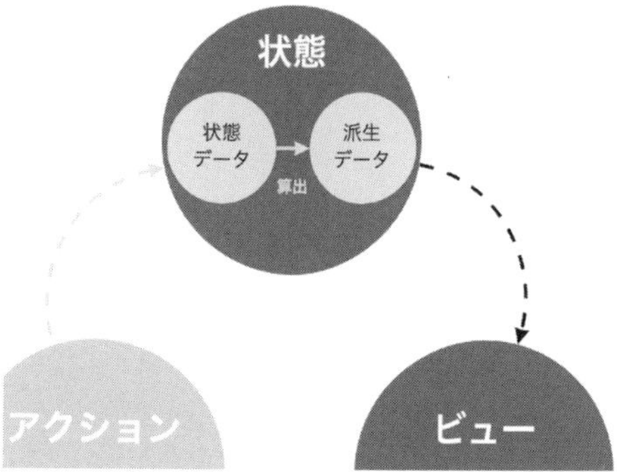

リスト1を見てみましょう。`firstName`変数と`lastName`変数は状態データです。そして、`fullName`関数は、`firstName`と`lastName`という2つの状態データを元に算出される派生データです。

```
// リスト1

const firstName = 'Evan';
const lastName = 'You';

const fullName: () => `${firstName} ${lastName}`

fullName(); // "Evan You"
```

リスト1で実装した`firstName`、`lastName`、`fullName`は、リスト2のように`fullName`を状態データとして、`firstName`、`lastName`を派生データとして実装することもできます。ある状態を表現するために、何を状態データとし何を派生データとするかは、実装者の置かれた状況やポリシーなどによっても変化します。

```
// リスト2

const fullName = 'Evan You';

const firstName: () => fullName.split(' ')[0];
const lastName: () => fullName.split(' ')[1];
```

Vue.js

2-2 Vue.jsにおける状態管理

ここまでは、状態管理における一般的な考え方について確認してきました。次に、実際にVue.js開発において「状態管理とは何を意味するのか」「どのように状態管理をおこなっていくと良いのか」について見ていきましょう。

コンポーネントとは

Vue.jsはコンポーネント指向のUI開発フレームワークです。Vue.jsにおいてコンポーネントとは、アプリケーションのUIをいくつかのパーツの集合体として捉え、それぞれのパーツを「状態・ビュー・アクションの1つのまとまり」としてカプセル化したものを指します。前節で、アプリケーションを構成する3つの要素について述べましたが、コンポーネントはこの3つの要素をUIパーツ単位で扱っていくものであると言えます。

Vueコンポーネントは、Vue.jsアプリケーションにおける状態管理の最小単位です。

[コンポーネント]

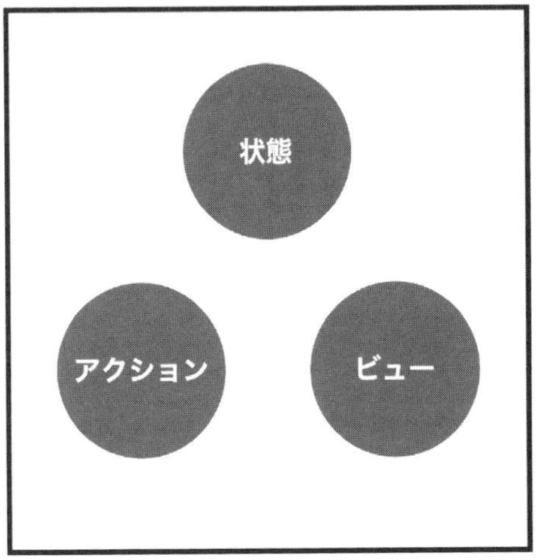

実際に、Vueコンポーネントのコードを見てみましょう。リスト3はSFC（Single File Component）で記述されたシンプルなカウンターアプリのVueコンポーネントです。Vueコンポーネントは、template、script、styleの3つのブロックで構成されており、templateとstyleがビューを、scriptが状態とアクションをそれぞれ担います。

```
// リスト3

<template>
<div>
  <span>{{message}}</span>
  <button @click="increment"></button>
</div>
</template>

<script>
export default {
  data() {
    return {
      count: 0
    };
  },
  computed: {
    message() {
      return `Clicked ${this.count} times!!`
    }
  },
  methods: {
    increment() {
      this.count++;
    }
  }
};
</script>

<style>
</style>
```

コンポーネントにおいてVue.jsが果たす役割

Vue.jsは、コンポーネントが持つ状態・ビュー・アクションを関連づけ、アプリケーションとして動作させる役割を担います。前節では、アプリケーションは状態・ビュー・アクションが一方向に関連し合う（依存しあう）ことによって、アプリケーションとして動作できるということを述べましたが、それをおこなってくれるのがVue.jsです。

Vue.jsはリアクティブシステムや仮想DOMといった技術を用いて、データ（状態データ）の変更監視や、それに伴うビューの効率的な描画処理などをおこないます。

[コンポーネントにおけるVue.jsの役割]

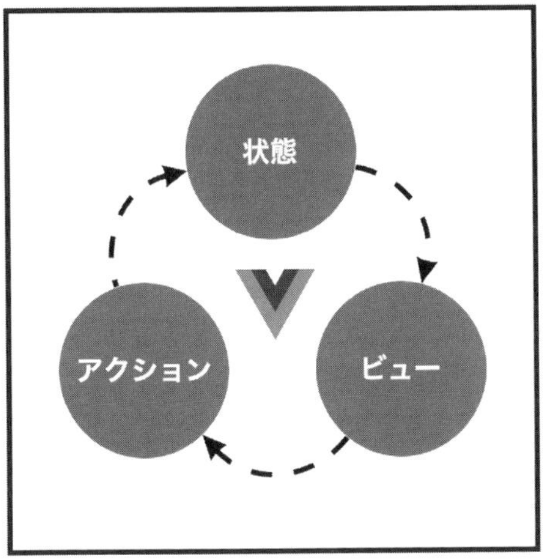

コンポーネントの状態データ

Option API

Option APIを利用した実装パターンでは、data関数を使ってコンポーネントに状態データを登録します。data関数は、プレーンなオブジェクトを返却するファクトリ関数です。data関数が返却するプレーンなオブジェクトが、コンポーネントのインスタンス化時にVue.jsのリアクティブシステムへと登録され、コンポーネントにおける状態データとして機能するようになります。

このようにしてコンポーネントに登録された状態データは、コンポーネントの内部で`this`キーワードを介してアクセスできるようになります。

```
// リスト4

export default {
  data() {
    return {
      count: 0
    };
  }
};
```

Composition API

Composition APIを使った実装パターンでは、setup関数を使ってコンポーネントの振る舞いを定義していきます。 Composition APIでは、setup関数の戻り値として返却したオブジェクトがそのままコンポーネントのインスタンスプロパティ（状態データ）もしくはインスタンスメソッド（アクション）として扱われるため、状態データは返却するオブジェクトのプロパティとして定義します。

```
// リスト5

import { ref } from "vue";
export default {
  setup() {
    const count = ref(0);
    return {
      count
    };
  }
};
```

Composition APIを利用するうえでの注意点として、Option APIのdata関数はプレーンなオブジェクトのリアクティブ化とコンポーネントへの登録という2つの役割を担っていたのに対し、Composition APIのsetup関数自体はデータのリアクティブ化をおこなってくれないという点があります。そのため、Composition APIを利用する場合には、開発者が明示的にデータのリアクティブ化をおこなう必要があります。

リスト5では、ref関数にデータの初期値（数値0）を渡すことで、データのリアクティブ化をおこなっています。

リアクティブな状態データの生成

Vue.jsが状態データの変更に応じて、ビューを描画したり派生データ（算出プロパティ）を計算するためには、Vue.js自身が状態データの変更を検知できなければなりません。Vue.jsでは、データをリアクティブ化する（変更監視をおこなう）ことによって、Vue.jsがそのデータへの変更を検知できるようにします。

データをリアクティブ化する方法を次に示します。

- data関数の戻り値のオブジェクトに含める

Option APIのdata関数を使ってコンポーネントに登録されるデータは、そのコンポーネントがインスタンス化される際にリアクティブ化されたうえでコンポーネントへと登録されます。

```
// リスト6

export default {
  data() {
    return {
      count: 0
    }
  }
}
```

• reactive関数（observable関数）を使う

リアクティブ化だけを明示的におこなうことも可能です。リスト7のように、reactive関数の引数にオブジェクトを渡すことで、リアクティブ化された新しいオブジェクトを取得できます。明示的なリアクティブ化は、前述したComposition APIを利用するパターンや、後述するストアで状態管理をおこなうパターンなどで利用することになります。

なお、reactive関数では、オブジェクト以外のプリミティブな値をリアクティブ化することはできないので注意が必要です。また、Vue.js 2系では、observable関数を利用して同等のことが可能です。

```
// リスト7

import { reactive } from "vue";

const state = reactive({
  count: 0
});
```

• ref関数を使う

reactive関数はオブジェクトをリアクティブ化できますが、文字列や数値型といったプリミティブな値をリアクティブ化することはできません。これは、JavaScriptの言語仕様に起因したVue.jsの制約です。プリミティブな値をリアクティブにしたい場合はref関数を使います。

ref関数はプリミティブな値を受け取ると、リアクティブなオブジェクト（Ref）を生成して返却します。このオブジェクトからは、`.value`プロパティを通じて値を取得します。

```
// リスト8

import { ref } from "vue";

const countRef = ref(0);
console.log(countRef.value);
// 0
```

また、Refオブジェクトをテンプレートから利用する場合には、`.value`を省略できます（リスト9）。

```
// リスト9

<template>
  <span>{{count}}</span>
</template>
```

```
<script>
import { ref } from "vue";

export default {
  setup() {
    const countRef = ref(0);
    return {
      count: countRef
    }
  }
}
</script>
```

コンポーネントの派生データ

派生データ（derived data）は、状態データに依存して派生的に算出されるデータです。派生データは、その特徴から同期的な関数として実装する必要があります。

Vue.jsでは、こうした派生データを扱うためのしくみとして「算出プロパティ（computed properties）」が用意されています。算出プロパティはその名のとおり、関数によって算出される派生データにプロパティ形式でアクセスすることができるしくみです。Vue.jsは、ある算出プロパティが依存関係にあるデータに変更があった場合に、その算出プロパティを自動で再計算します。

算出プロパティの実装方法を確認します。

Option API

Option APIを利用した実装パターンでは、算出プロパティをcomputedオプション以下の同期的な関数（算出関数）として定義します。computedオプションに定義する関数名が算出プロパティ名となり、コンポーネントインスタンス内部で参照できるようになります。

この算出関数を、リアクティブなデータやほかの算出プロパティに依存させる形で実装することで、Vue.jsのリアクティブシステムによる算出プロパティの再計算の恩恵を受けられるようになります。

```
// リスト10

<template>
  <span>{{message}}</span>
</template>

<script>
export default {
  data() {
    return {
      count: 0
    };
```

```
  },
  computed: {
    message() {
      return `Clicked ${this.count} times!!`
    }
  }
};
</script>
```

Composition API

Composition APIを利用する場合は、computed関数を利用します。computed関数は、第一引数に派生データを算出するための関数（算出関数）をとる高階関数です。この算出関数にリアクティブなデータやほかの算出プロパティへの副作用を持たせることにより、それらのデータに変更がおこなわれた際に、リアクティブシステムによる算出プロパティの再計算がおこなわれます。

```
// リスト11

<template>
  <span>{{message}}</span>
</template>

<script>
import { ref, computed } from "vue";

export default {
  setup() {
    const countRef = ref(0);
    const message = computed(() => `${countRef.value} times clicked.`
    return {
      count: countRef,
      message
    }
  }
}
</script>
```

コンポーネントと状態のスコープ

Vue.jsのコンポーネントは、UIが持つ状態・ビュー・アクションを1つのまとまりとしてカプセル化したものです。状態・ビュー・アクションがカプセル化されているということは、それらが外部から隠ぺいされているということを意味します。つまり、あるコンポーネントが持つ状態・ビュー・アクションに対して外部から直接アクセスすることは実質できないということです。1つのコンポーネントは、1つの独立したローカルなスコープを持つことになります。

コンポーネントがカプセル化され独自のスコープを持つことにより、異なるコンポーネント同士が暗黙的に依存しあい、お互いが密結合してしまうリスクを抑えられます。
　これは、コンポーネント指向開発にとって非常に重要な考え方です。私たち開発者は、コンポーネント同士が暗黙的に依存しないことが担保されていることによって、1つ1つのコンポーネントに集中して開発をおこなえるためです。

[コンポーネント同士が依存しない]

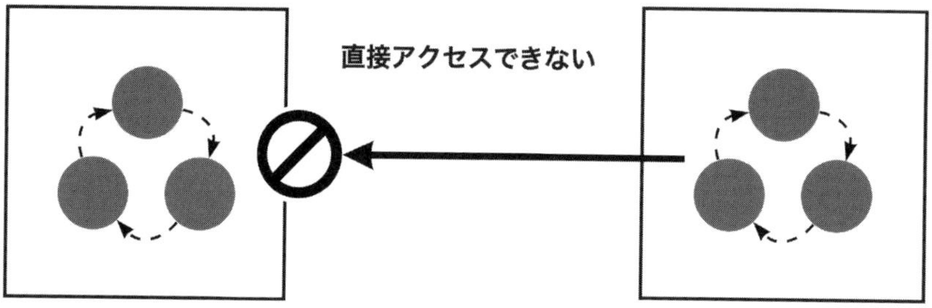

コンポーネント間でのデータ通信

　Vue.jsでは、異なるコンポーネント同士がそれぞれの状態やアクションに対して直接アクセスすることができません。これは、コンポーネントの独立性を担保するために必要な制約です。しかし、1つのアプリケーションが複数のコンポーネントの組み合わせによって成り立つ以上、コンポーネント間でのデータ通信によってコンポーネント同士をうまく協調させるしくみが必要になります。
　Vue.jsには、このような要求を実現するために、propsとeventという2つのしくみが用意されています。それぞれについて見ていきましょう。

propsを利用して親から子にデータを受け渡す

　propsは、親コンポーネントから子コンポーネントへとデータを受け渡すためのしくみです。

[propsのしくみ]

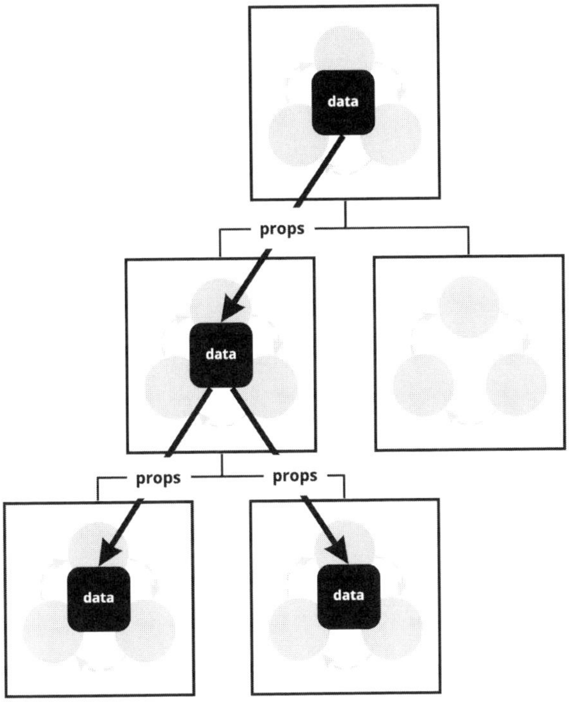

まず、子コンポーネント側のpropsオプションで親からどういうデータを受け取り得るのかを定義します。次に、親コンポーネントがその定義に従ってデータを渡していきます。

リスト12は子コンポーネント側の実装例です。ここでは、propsオプションでcountという名前のNumber型データを受け取ることが示されています。

```
//リスト12

<template>
  <span>{{count}}</span>
</template>

<script>
export default {
  name: "Child",
  props: {
    count: {
      type: Number,
      required: true
    }
  }
};
</script>
```

親コンポーネント側では、子コンポーネント側の定義に従いv-bind:count="count"（:countは省略記法）としてNumber型のデータを受け渡します（リスト13）。

```
//リスト13

<template>
  <div>
    <Child :count="count" />
  </div>
</template>

<script>
  import Child from './Child.vue';
  export default {
    name: "Parent",
    components: {
      ChildComponent
    },
    data() {
      return {
        count: 0
      };
    }
  };
</script>
```

propsは、コンポーネントが外部から明示的にデータを受け取るための唯一のインターフェースです。これは、関数で言うところの引数にあたるような概念です。ストアなど外部への副作用を持たない純粋なコンポーネントは、受け取ったpropsに対して常に同じ振る舞いをおこなうことが期待できます。

また、propsは引数にあたるような概念と述べましたが、Composition APIを利用する際には実際にsetupメソッドの第一引数として親から渡されたpropsデータを受け取ることになります（リスト14）。

```
//リスト14

<script lang="ts">
  interface propsData {
    count: number;
  }

  export default {
    setup(props: propsData) {

    }
  };
</script>
```

eventを利用して子から親にイベントを発火する

eventは、子コンポーネントから親コンポーネントへと通信するためのしくみです。

[eventのしくみ]

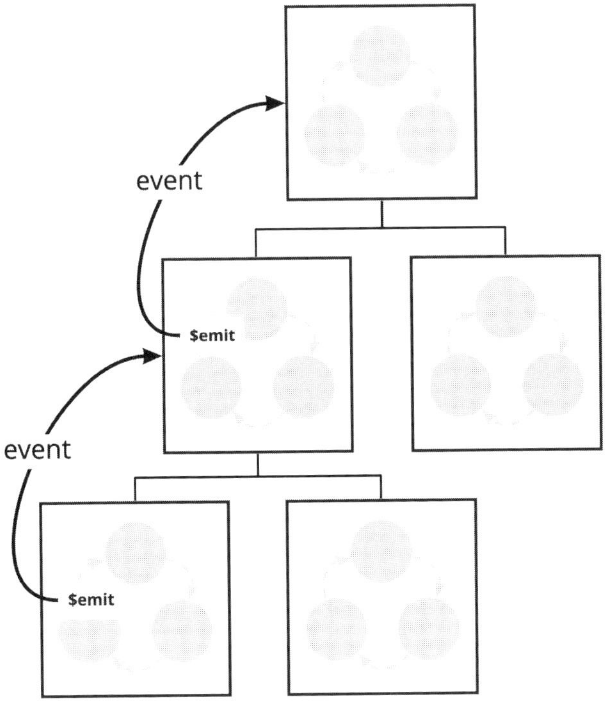

子コンポーネントは、任意の名前のイベントを`this.$emit`を使って発火させることで、親コンポーネントへとデータを送信することができます（リスト15）。

```
// リスト15

<template>
  <input v-model="message" @change="onChangeMessage">{{count}}</input>
</template>
<script>
  export default {
    name: "Child",
    data() {
      return {
        message: ""
      }
    },
    methods: {
      onChangeMessage(message) {
        this.$emit("onChangeMessage", message);
      }
    }
  };
</script>
```

親コンポーネントがリスト15で発火されたイベントを受け取るためには、@onChangeMessage="setMessage"として、子コンポーネントがトリガーするイベントをリッスンするハンドラー関数を設定します（リスト16）。onChangeMessage部分は子コンポーネントで発火された任意のイベント名です。

```
// リスト16

<template>
  <div>
    <Child @onChangeMessage="setMessage" />
  </div>
</template>

<script>
  export default {
    name: "Parent",
    methods: {
      setMessage(message) {
        /* ... */
      }
    }
  };
</script>
```

これで、子コンポーネントから親コンポーネントへのデータ通信も問題なくおこなえることがわかりました。

親子コンポーネントの依存関係

こうしたpropsとeventを利用した親子間でのデータ通信のしくみは、俗に「props down, event up」などと呼ばれます。このしくみにおいて重要なポイントは、親子コンポーネントの依存関係が常に「親→子」という方向に保たれるということです。

propsを利用して親から子へとデータを受け渡す際には、親は子コンポーネントの実装（propsの定義）を知っている必要があります。これは、親が子の実装に依存しているということを意味します。

一方で、子から親へと通信をおこなう場合は、子は親の実装にかかわらず一方的にイベントを送信することができます。そのイベントをハンドリングするかどうかは親側の責務です。つまりこれは、子は親に依存しない（親は子に依存する）ということを意味します。

コンポーネントの依存関係が常に「親→子」という方向性に維持されることで、コンポーネントを再利用性することが容易になります。

兄弟コンポーネント間でのデータ共有

Vue.jsには兄弟コンポーネント間でのデータ通信をおこなう手段がありません。兄弟コンポーネント間でデータの共有をおこないたい場合は、共通の親コンポーネントにデータを持たせるか、ストアを利用した状態管理パターン（後述）を取り入れる必要があります。

前者によって、兄弟コンポーネント間でのデータ共有を実現する場合は、親コンポーネントの責務が肥大化していくことにつながるため注意が必要です。

Vue.js 2-3 Vue.jsコンポーネントのみを使った状態管理

さて、ここまではVue.jsコンポーネントのみを利用した状態管理について説明してきました。

Vue.jsにおける状態管理と聞くと即座にVuexをイメージされる方も多いかもしれませんが、必ずしもVuexなどの状態管理ライブラリを利用する必要はありません。あらゆるアプリケーションは、Vue.jsの基本的な機能のみによって構築することができますし、アプリケーションの規模や複雑性の程度によってはそうしたほうが良い場合もあるでしょう。

筆者は、Vue.jsコンポーネントのみを使って状態管理をおこなうことには、以下のようなメリットがあると考えます。

1.状態とコンポーネントの関係性がシンプルになる

コンポーネントのみを利用して状態管理をおこなうということは、状態管理のための別レイヤー（ストア層）が存在しないということを意味します。これによって、私たち開発者はコンポーネントのレイヤーだけに集中していればいいことになるので、状態とコンポーネントの関係性をシンプルに捉えることができるようになります。

1つの例として、状態の死活管理が挙げられます。コンポーネントで状態を管理している場合、状態の死活はコンポーネントのライフサイクルと完全に一致します。コンポーネントのインスタンスが破棄されるタイミングで、そのコンポーネントが管理している状態も一緒に破棄されるので、状態の死活管理をとてもシンプルな形でおこなうことができます。

一方、状態管理をストア層でおこなうケースでは、状態の破棄をコンポーネントのライフサイクルに合わせて明示的におこなう必要があります（リスト17）。

```
// リスト17

export default {
  beforeDestoroy() {
    this.$store.commit('clearState');
  }
};
```

2. コンポーネントの依存関係の明確化

コンポーネントのみを使って状態管理をおこなう場合、コンポーネント間の依存関係はpropsとeventによる疎結合な状態となります。これは、コンポーネントがpropsとevent以外に外部から影響を受けることがないことを意味します。

つまり、私たち開発者は、コンポーネントのインプット（props）とアウトプット（event）だけに気を配って開発をおこなえばよく、意図しない形でコンポーネントの振る舞いを破壊してしまうようなリスクが少なくなります。

一方で、ストアを利用する場合は、コンポーネント同士がストアを介して暗黙的に依存しあうことになり、コンポーネント同士の依存関係が不明確になってしまいます。くわしくは後述します。

3. SFC (Single File Component) による利点の最大化

Vue.jsのSFCは、ほかのUI開発ライブラリにはない特徴的なしくみであると言えます。

SFCを使ってコンポーネントが持つ状態・ビュー・アクションすべてを1つの`.vue`ファイルに完結させることにより、そのコンポーネントがどのようなUIを持ち、どのように振る舞うのかについて、ひと目で理解できるようになります。こうしたコンポーネントの見通しの良さは、Vue.jsで開発する際の大きな強みであるといえます。

しかし、ここにVuexなどのストア層が加わることにより、こうした見通しの良さが減少してしまう場合があります。コンポーネントのみで状態を管理するということは、SFCによって受けられる恩恵を最大化することにもつながるのです。

2-4 アプリケーションの成長とコンポーネントのみを使った状態管理の課題

アプリケーションは常に成長するものです。さまざまな改善や機能追加がおこなわれることにより、アプリケーションの規模は拡大化し複雑性は増していきます。こうした要因によって顕在化する課題には、次のようなものがあります。

propsとeventによるデータの過剰なバケツリレー

アプリケーションの機能が増えることで、それらの機能を提供するためにコンポーネントのバリエーションが増加することになります。また、さまざまな場所で利用される汎用的なUIを共通コンポーネントとして、再利用できるようにしたくもなるでしょう。Atomic Designにならってコンポーネントの分割を進めていくといったことも考えられます。このようにして、アプリケーションの規模が拡大していくにしたがって、コンポーネントの数は増えていくことになります。

コンポーネントの数が増えると、propsとeventを利用したコンポーネント間でのデータ通信処理を頻繁におこなうことになり、それらを実装するコストが大きくなります。あるコンポーネントが持つデータをその子孫コンポーネントに受け渡すために、コンポーネント間のデータ通信を何層にも渡っておこなう必要が出てくるためです。

propsとeventを用いたデータ通信のしくみ自体は、コンポーネントが暗黙的に外部への副作用を持ってしまうリスクを低減してくれる優れたしくみです。しかし、状態を共有するためだけに、何度も何度もデータの受け渡し処理を記述するのは骨が折れる作業ですし、コードの可読性やメンテナンス性も低くなってしまいます。

[バケツリレー問題]

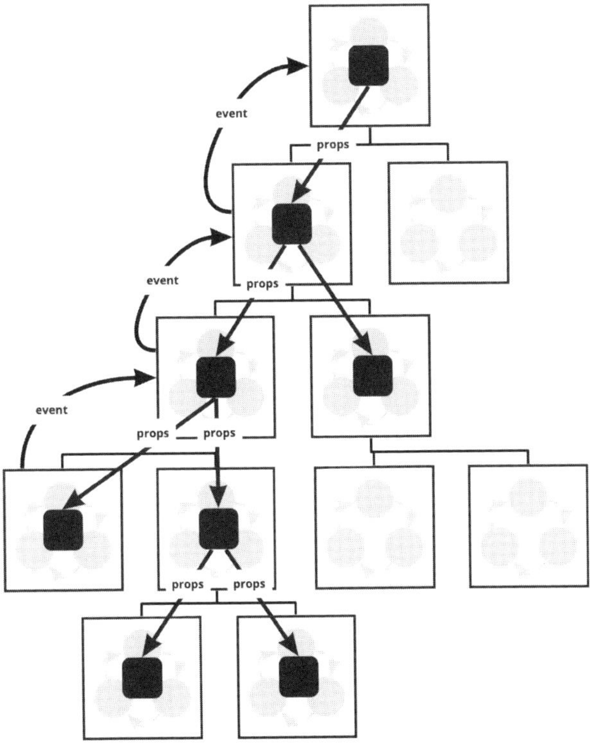

アプリケーション全体の状態管理状況を把握しづらくなる

アプリケーションが成長し状態の数やコンポーネントの数が増えることによって、開発者がアプリケーション全体の状態管理について理解するコストは、どんどん高くなります。そして、アプリケーションの状態やロジックが複数コンポーネントに分散してしまうことによって、この傾向はよりいっそう強まります。

アプリケーション全体の状態管理状況を把握しづらくなることで、開発者が意図せずに状態やロジックを重複させてしまうリスクが高くなってしまいます。

Vue.js 2-5 ストアを利用した状態管理

コンポーネントのみを使った状態管理は、アプリケーションの規模や複雑性が拡大するにつれて困難なものとなります。それは、状態やアクション（ロジック）がさまざまなコンポーネント間に分散してしまうことや、コンポーネント間で大量のデータ通信をおこなう必要が出てくることに起因します。

このような状況に陥ったとき、多くの開発者はコンポーネント層から状態管理周りを分離して独立したレイヤーで集中的に管理し、それを複数コンポーネント間で共有したいと思うはずです。ストアを利用して状態管理をおこなうことで、その目的を実現することができます。

ストアによる状態管理の考え方

ストアを利用する目的は、状態とアクションをコンポーネント層から切り離すことにあります。状態管理を特定コンポーネントから切り離してストア層で扱うことにより、それらを複数のコンポーネントで共有することが可能になります。

このパターンでは、コンポーネント間でのデータ共有をpropsを利用してバケツリレー式におこなうのではなく、各コンポーネントからストアの状態を参照する形で実現します。アクションの共有についても同様です。また、ストアを利用して状態管理を集中的におこなうことにより、アプリケーション全体の状態管理状況を把握しやすくなるという効果もあります。

[ストア層とコンポーネント層]

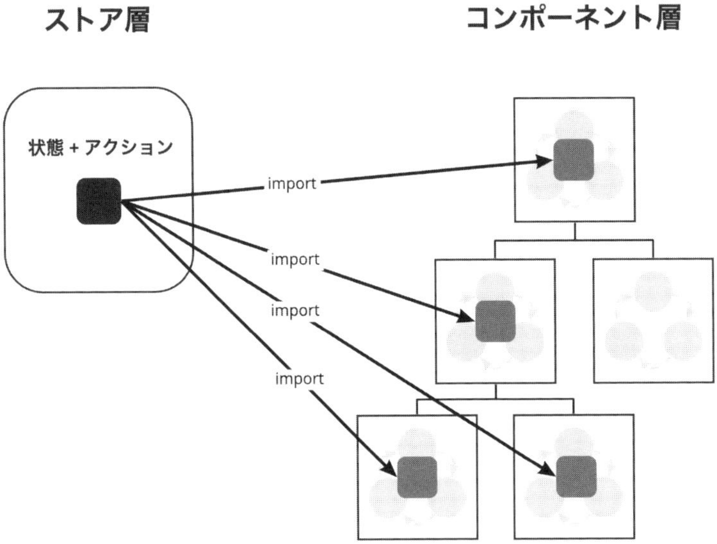

2-6 Vuexを利用した状態管理

Vuexは、Vue.jsアプリケーションのために作られた状態管理ライブラリです。Vuexを利用することで、コンポーネント層から状態やアクションを抽出し、1つのストアで集中的に管理・共有していくことができるようになります。また、ストアでの状態管理を、Vuexによって定義されたいくつかの概念とルールに則っておこなうことで、構造化された保守性の高いコードによって状態管理をおこなっていくことが可能となります。

Vuexにおける状態管理パターン

Vuexの最大の特徴は、その状態管理パターンにあります。Vuexは、状態管理に関わる要素をいくつかの概念として整理し、それらの関係性に一定の制約を加えます。この整理と制約によって、状態管理におけるデータの流れが一方向になります。次の図は、Vuexにおけるデータの流れを示した図です。

[Vuexにおけるデータの流れ]

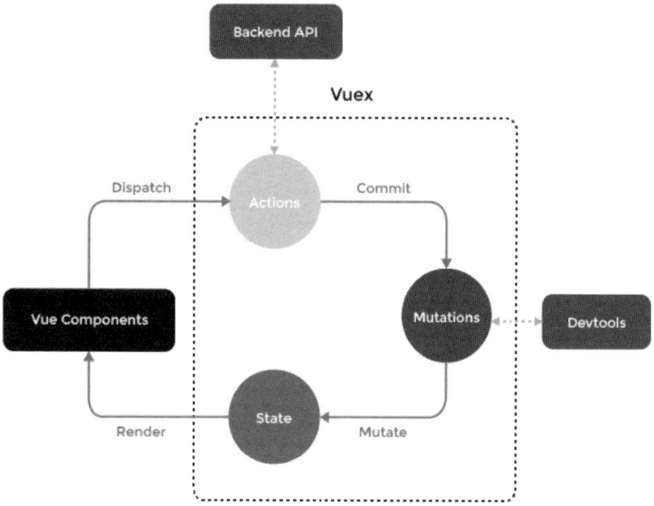

一般的に、ストアを利用した状態管理の最大の目的は、コンポーネント層から状態とアクションを抽出し、それらをストア層で管理・共有することです。Vuexでは、それらをStateとActionsという概念として扱います。

コンポーネントはストアで管理されている状態（State）を参照してビューをレンダリングします。そして、ユーザーから何かしらのインプット（例：保存ボタンのクリック）を受け取ると、ストアのアクション（Actions）を呼び出すことで次の処理（例：データの保存処理）へと進んでいくことになります。

そして、特徴的なのはMutationsです。Mutationsは、Stateを更新する役割を担う同期的なハンドラ関数です。そしてVuexには、Stateの更新はMutationsからしかおこなうことができない、という制約が設けられています。この制約によって、Vuexを利用した状態管理においてはデータの流れが常に一方向になります。万が一、コンポーネントやActionsから直接Stateを書き換えようとすると、Vuexはエラーを投げて開発者に警告をおこないます。

単一ステートツリー

Vuexは、単一ステートツリーを使って状態管理をおこないます。これが何を意味するかというと、Vuexにおいてはアプリケーション全体の状態を1つのステートツリー（状態データを含む1つのオブジェクト）のみを使って管理するスタイルをとっているということです。

Vuexがこのようなスタイルをとっているのは、Vuexが自身の管理する状態がアプリケーションにおける「信頼できる唯一の情報源（single source of truth)」として機能することを期待しているからだと言えます。

単一ステートツリーによって、できるだけシンプルな形で集中的に状態管理をおこなうことで、状態が重複管理されるなどのリスクを抑えることができます。

すべてのコンポーネントのための集中型のストア

Vuexは、単一ステートツリーを使って、アプリケーション全体の状態を1つのストアによって管理します。つまり、Vuexを使った状態管理パターンではあらゆるコンポーネントが1つのストアを参照することになるということです。

こうした前提から、Vuexストアはすべてのコンポーネントに対してストアを注入して利用することが一般的です。

ストアをすべてのコンポーネントで利用できるようにするには、app.use(store)としてVue.jsアプリにVuexストアのインスタンスを渡すようにします。

```
// リスト18
// Vue.js 3.0

import { createApp } from 'vue'
import { store } from './store'
import App from './App.vue'

const app = createApp(App)

app.use(store)

app.mount('#app')
```

こうすることで、各コンポーネントではthis.$storeとしてストアにアクセスできるようになります。

```
// リスト19

<template>
  <span>{{count}}</span>
</template>

<script>
  export default {
    computed: {
      count() {
        return this.$store.state.count;
      }
    }
  }
</script>
```

Composition API

コンポーネントをComposition APIを利用して定義している場合は、useStore関数からストアインスタンスを取り出すことができます。なお、執筆時点ではVuex 4.0はまだRC版です。

```
// リスト20
// Vue.js 3.0
// Vuex 4.0

import { useStore, computed } from 'vuex'

export default {
  setup () {
    const store = useStore();
    const count = computed(() => store.state.count);

    return {
      count
    };
  }
}
```

Vuexを利用した状態管理の実装例

実際にVuexを使ってどのように状態管理をしていくのか、サンプルコードを見ながら確認してみましょう。リスト21は、保存機能を持ったシンプルなカウンターアプリの実装です。

Vuexストアは、前述したState、Actions、Mutationsといった状態管理におけるいくつかの要素ごとに実装していきます。

```
// リスト21

// Vuex 4.0
import { createStore } from "vuex";

export default createStore({
  state: { // ①
    count: 1
  },
  mutations: { // ②
    increment(state) {
      state.count++;
    }
  },
  actions: { // ③
    async save() {
      // 非同期な保存処理
    }
  },
});
```

それぞれの要素について確認していきましょう。

ステート

①のステートは、Vuexストアによって管理される状態データです。stateに設定された状態データは、Vuexによりリアクティブ化されVue.jsの変更検知対象となります。

ミューテーション

②のミューテーションは、ステートを変更するためのハンドラ関数の集合です。このハンドラ関数は、第一引数にstateオブジェクトを受け取ることができ、このstateオブジェクトに変更を加えることにより状態の更新をおこないます。この関数は同期的でなくてはなりません。

mutationsに登録したハンドラ関数をトリガーするためには、第一引数にミューテーションのタイプ（メソッド名）を指定して`store.commit`を呼び出します（リスト24）。

```
// リスト24

this.$store.commit('increment');
```

ハンドラ関数は、第二引数にペイロードを受け取ることもできます（リスト25, 26）。

```
// リスト25

mutations: {
  increment(state, payload) {
    state.count += payload.amount;
  }
}
```

```
// リスト26

this.$store.commit('increment', { amount: 5 });
```

また、リスト27のようにオブジェクトスタイルでのcommitも可能です。

```
// リスト27

this.$store.commit({
  type: 'increment',
  amount: 5
});
```

アクション

③のアクションは、stateを変更しない同期・非同期を問わないあらゆる処理をおこなう関数（アクション関数）の集合です。アクション関数は、第一引数にストアの他リソースを呼び出すことのできるコンテキストオブジェクトを受け取ります。

たとえば、contextに含まれるcommitメソッドを利用して、Mutationsをcommitしてstateを変更するようなユースケースがあります（リスト28）。

```
// リスト28

actions: {
  async initCount({ state, commit, getters, dispath }) {
    const count = await fetchCount(state.count); // カウントをデータベースから取得
    commit('setCount', { count }); // ステートにカウントを設定
  }
}
```

アクション関数をトリガーする際には、`store.dispatch`を使います。`store.dispatch`には第一引数にアクションのタイプを指定し、第二引数にペイロードを渡すこともできます。また、commitと同様にオブジェクトスタイルでアクションをディスパッチすることもできます（リスト29）。

```
// リスト29

this.$store.dispatch('save', { count });

this.$store.dispatch({
  type: 'save',
  count: 0
});
```

ゲッター

ゲッターはリスト21には登場しませんでしたが、ステートもしくは別のゲッターから派生データを算出したい場合に使用します。ゲッターは同期関数である必要があります（リスト30）。

```
// リスト30

getters: {
  countText(state, getters) {
    return `Clicked ${state.count} times!!`;
  }
}
```

ゲッターへは`store.getters`オブジェクトのプロパティとしてアクセスすることができます（リス

ト31)。

```
// リスト31

store.getters.countText;
store.getters['countText'];
```

また、ゲッター関数を「関数を返却する高階関数」として定義することで、利用側から引数を渡すことができるようになります（リスト32, 33)。これは、配列データのフィルタリング等の用途に利用することができます。

```
// リスト32

getters: {
  getUserByName: (state, getters) => (name) => {
    return state.users.filter(user => user.name === name);
  }
}
```

```
// リスト33

store.getters.getUserByName('Evan');
```

モジュール

Vuexでは、単一ステートツリーによって状態を管理することになるため、通常ストアは1つのアプリケーションに対して1つしか存在しません。つまり、アプリケーション全体の状態管理を1つのストアだけでおこなうことになるということです。

しかし、アプリケーションが成長しその規模や複雑性が拡大してくると、ストアは肥大化していくことになります。Vuexでは、そうしたケースに対応するためにモジュールというしくみが用意されています。

1つのストアを複数のモジュールに分割していくことで、ストアの肥大化にうまく対応できます。各モジュールは、それぞれがステートやゲッター、ミューテーション、アクション、そしてモジュールを持つことができます。

```
// リスト34
// Vuex 4.0

import { createStore } from "vuex";
```

```
const moduleA = {
  state: () => ({ ... }),
  mutations: { ... },
  actions: { ... },
  getters: { ... }
}

const moduleB = {
  state: () => ({ ... }),
  mutations: { ... },
  actions: { ... }
}

const store = createStore({
  modules: {
    a: moduleA,
    b: moduleB
  }
})

store.state.a // -> `moduleA` のステート
store.state.b // -> `moduleB` のステート
```

- ローカルステートとグローバルステート

モジュールのゲッターやミューテーションの第一引数には、各モジュールのローカルステートが渡されます。ミューテーションからグローバルステートにアクセスすることはできませんが、ゲッターでは第三引数からアクセスすることができます。これにより、グローバルのステートを参照して派生データを算出することができます。

また、モジュールのアクションの第一引数に渡されるコンテキストオブジェクトの`context.state`はローカルステートとなります。グローバルステートへは`context.rootState`にアクセスすることができます（リスト35）。

```
// リスト35

const moduleA = {
  state: () => ({
    count: 0
  }),
  mutations: {
    increment (state) {
      // `state` はモジュールのローカルステート
      // ルートステートへはアクセスできない
      state.count++
    }
  },
```

```
  getters: {
    doubleCount (state) {
      // `state` はモジュールのローカルステート
      return state.count * 2
    },
    sumWithRootCount (state, getters, rootState) {
      // `rootState` はルートステート
      return state.count + rootState.count
    }
  },
  actions: {
    incrementIfOddOnRootSum ({ state, commit, rootState }) {
      // `state` はモジュールのローカルステート
      // `rootState` はルートステート
      if ((state.count + rootState.count) % 2 === 1) {
        commit('increment')
      }
    }
  }
}
```

• 名前空間

それぞれのモジュールが持つアクション、ミューテーション、ゲッターは、デフォルトでグローバル名前空間に登録されます。モジュールごとに名前空間を分けたい場合は、namespaced: trueとすることで、個別モジュールの名前空間に登録されるようになります（リスト36）。

```
// リスト36

const moduleB = {
  namespaced: true,
  state: () => ({ ... }),
  mutations: { ... },
  actions: {
    async save() {
      // 保存処理
    }
  }
}
```

リスト37は、例として名前空間設定の違いによるアクションのディスパッチ方法の違いを示しています。

```
// リスト37

// namespaced: falseの場合
```

```
↖
store.dispatch('save');

// namespaced: trueの場合
store.dispatch('moduleA/save');
```

より詳細な仕様については、Vuexの公式ドキュメントを参照してください。

Vuexを利用するメリット

ここまで、Vuexの基本的な考え方と実装方法について確認してきました。Vuexを使って状態管理をおこなうメリットは以下のとおりです。

(1) コードが構造化される

Vuexでは、状態管理に関わる要素をその役割ごとにステート、ゲッター、ミューテーション、アクションといった4つの概念に整理します。こうした概念の整理によってコードが構造化されることで、開発者がストアの持つ振る舞いを理解しやすくなるというメリットがあります。

コードが理解しやすい状態に保たれるということは、高い保守性を維持するうえでポジティブな効果があります。

(2) 状態の変更経路を予測しやすくなる

Vuexでは、ステートが常にミューテーションからのみ変更されるということが保証されます。この制約により、どのような状態がどのような経路で変更されたかについて、開発者が予測しやすくなるというメリットがあります。

予測可能性の高いコードは、開発者が誤ってバグを混入させてしまうリスクを少なくしてくれるでしょう。

(3) Vue.js dev toolsの高度なデバッグ機能を利用できる

ステートが常にミューテーションからのみ変更されるという制約によって恩恵を受けられるのは、私たち開発者だけではありません。Vue.jsの開発ツールであるVue.js dev toolsにとっても、この制約は有用なものとなります。

Vue.js dev toolsは、Vuexのミューテーションを監視することにより、ステートの変更履歴をスナップショットとして保持します。これにより、私たち開発者はVue.js dev toolsを利用してVuexストアが管理している状態の変更履歴を確認したり、履歴上の特定の時点の状態に戻したりすることができるようになります。

こうしたVue.jsとの親和性の高さは、Vuexを利用することでしか得られない恩恵です。

(4) 信頼できる唯一の情報源としてのストア

Vuexでは、アプリケーション全体の状態を1つの状態オブジェクト（単一ステートツリー）として管理します。そして、それを管理するストアのインスタンスには、すべてのコンポーネントから`this.$store`でアクセスすることが可能です。

こうした前提は、Vuexで管理されている状態がアプリケーション全体における「信頼できる唯一の情報源」として機能することを下支えしています。アプリケーションレベルの状態がすべて1つのストアで管理されることで、アプリケーション内に状態が重複してしまうリスクを減らし、開発者が情報源の取捨選択に迷う必要もなくなります。

Vuexを利用する際の注意点

Vuexを実際に利用する際や利用を検討する際には、どのような点に注意すれば良いでしょうか。筆者は次のように考えます。

(1) 目的に対して高機能すぎる場合がある

状態管理にストアを用いる最大の目的は、状態管理をコンポーネント層からストア層へと分離して共有することにあります。当然、Vuexを用いた状態管理でもこの目的を実現させることはできますが、Vuexにはそれに加えて一定のルールに基づいた状態管理パターンを実現するための機能（制約）が存在します。

こうしたVuexの機能は、私たち開発者に多くのメリットをもたらしてくれます。しかし、状態管理の分離と共有だけをシンプルに実現したいだけといった場合において、そういった機能は必要以上に高機能すぎることもあり得ます。そもそもコンポーネントだけを使った状態管理で間に合うケースもあるでしょう。

(2) 導入コストと学習コスト

Vuexの便利な機能を利用するためには、いくつかのコストを払う必要があります。

1つ目は導入コストです。Vue.jsアプリケーションでVuexを使える状態にするためには、プロジェクトにVuexをインストールし、Vue.jsアプリケーションでVuexを使うことを宣言したうえで、ストアを作り始める必要があります。対して、シンプルなStoreパターンを自前で実装するような場合には、そういった導入コストは一切かかりません。storeオブジェクトを使って共有するだけです。

2つ目は学習コストです。Vuexの仕様や概念を理解することにも一定の学習コストがかかります。Vuexは決して理解するのが難しいライブラリではありませんが、それでも各概念を理解したうえで適切にストアを設計していくことはかんたんではありません。

Vuexの利用を検討する際には、こうしたコスト面と長期的な生産性を天秤にかけて判断していくことになるでしょう。

(3) すべてのコンポーネントがストアへの暗黙的な副作用を持つことになる

Vuexは、単一ステートツリーによってアプリケーションレベルの状態を管理し、すべてのコンポーネントで`this.$store`を介してアクセスすることを可能にします。言い換えると、すべてのコンポーネントがストアで管理されている状態への暗黙的な副作用を持つことになるということを意味します。

すべてのコンポーネントがストアへの暗黙的な副作用を持つことになれば、ストアに対する変更の影響範囲はアプリケーション内のすべてのコンポーネントへと拡がってしまいます。ストアへの変更はよりいっそう慎重におこなう必要があるでしょう。

Vue.js 2-7 Storeパターンを自前で実装する

ストアを利用して状態管理をおこなう最大の目的は、コンポーネントから状態管理を分離して独立したレイヤーで状態管理をおこない、複数コンポーネント間でそれを共有することにあります。

前節で紹介したVuexは、この目的を実現することに加えて、開発者にFluxライクなデータ更新を強制することにより、状態変更への予測可能性を高めるという目的も実現しています。しかし、Vuexを使って状態管理をおこなうためにはそれなりの学習コストがかかるうえ、場合によっては実現したい目的に対してVuexの機能が充実しすぎていると感じることもあるでしょう。状態と処理の共有だけをシンプルに実現したいケースもあるはずです。

そういったケースでは、Vuex等の状態管理ライブラリを使わずにシンプルなStoreパターンを自前で実装することでも、同じ目的を実現することができます。

Storeパターン実装例

ストアはJavaScriptのオブジェクトによって表現され、状態とアクション（メソッド）によって構成されます。リスト38の例では、状態データはstateプロパティとして、アクションをストアオブジェクトのメソッドとして定義しています。また、stateプロパティには、Vue.jsのreactive関数によってリアクティブ化されたオブジェクトをセットしています。

```
// リスト38

import { reactive } from "vue";

export const CounterStore = {
  state: reactive({
    count: 0
```

```
  }),
  increment() {
    this.state.count++;
  },
  decrement() {
    this.state.count--;
  }
};
```

このストアインスタンスを、コンポーネントからインポートして利用していきます。ストア側で状態データがリアクティブ化されているため、コンポーネント側ではcomputedからストアの状態データを参照して利用することができます。

また、コンポーネントからストアの状態データを更新したい場合は、ストアのメソッドを呼び出します。

```
// リスト39

<template>
  <div>
    <span>{{count}} times clicked.</span>
    <button @click="onClick">press</button>
  </div>
</template>

<script>
import { CounterStore } from "./CounterStore";

export default {
  computed: {
    count: () => CounterStore.state.count;
  },
  methods: {
    onClick() {
      CounterStore.increment();
    }
  }
}
</script>
```

Storeパターンを自前で実装するメリット

シンプルなStoreパターンを自前で実装することには、どのようなメリットがあるでしょうか。筆者は次のように考えます。

学習コストがかからない

この節で紹介したストアの実装は、状態データのリアクティブ化の観点以外はJavaScript

（TypeScript）の基礎知識のみで実現できる内容になっています。Vuexのような状態管理ライブラリ独自の仕様を理解する必要はありません。

シンプルに実装できる

このパターンでは、Vuexのようなデータ変更フローのルール化やVue.js dev toolsを使った変更履歴の追跡といったリッチな機能が使えないかわりに、ストアの実装自体はとてもシンプルなものにできるというメリットがあります。

部分的に導入しやすい

Vuexがアプリケーション全体に対して導入することを前提としているのに対して、Storeパターンを自前で実装するパターンでは、必要な時に必要な部分にだけストアを利用した状態管理を導入することができます。

たとえば、「このページにだけストアを導入したいけど、それだけのためにアプリケーション全体にVuexを入れるのは大仰すぎるな……」といったようなユースケースで、Storeパターンを自前で実装することは効果的です。

ストアのスコープを小さく保つことができる

Vuexストアが基本的にはグローバルスコープであるのに対して、Storeパターンを自前で実装するパターンでは、スコープをコントロールして適度に小さく保つことができます。あるストアに対しておこなわれた変更の影響範囲は、そのストアを利用しているコンポーネントに限られます。一方でVuexでは、すべてのコンポーネントに対してVuexストアのインスタンスが注入されるため、変更の影響範囲はすべてのコンポーネントになってしまいます。

Storeパターンを自前で実装する際の注意点

Storeパターンを自前で実装する際には、次のような点に注意する必要があります。

データ変更が暗黙的におこなわれてしまうリスクがある

Vuexには、Mutationを経由しない暗黙的なデータ変更がおこなわれた際にエラーを投げてくれるしくみ（厳格モード）があるため、Mutationを経由しない暗黙的なデータ変更がおこなわれるリスクは極めて小さいと言えるでしょう。しかし、ストアを自前で実装する場合には、そういったライブラリレベルでの制約が存在しないため、意図的かどうかにかかわらず、暗黙的なデータ変更をおこなうことが可能となってしまいます。

状態の暗黙的な変更が蔓延してしまうと、開発者によるアプリケーションの振る舞いの予測可能性が著しく下がってしまい、開発者がアプリケーションに不具合を混入してしまうリスクが高くなってしまいます。

状態が複数ストアに分散することで、アプリケーション全体の状態把握が難しくなる

シンプルなStoreパターンを自前で実装するケースでは、1つのアプリケーションに対して複数のストアを作成することが多く見られます。もちろん、Vuexのように単一ステートツリーの方針を取ることは可能ですが、そもそものモチベーションとして「シンプルなストアを部分的に導入したい」「ストアのスコープを適度に区切りたい」といったところが大きいこともあり、複数のストアによって状態管理をおこなっていくアプローチが取られる場合が多いです。

しかし、このアプローチによりストアの数が増え続けていくと、アプリケーションの状態が大量のストアに分散してしまいます。その結果アプリケーション全体で状態管理がどのようにおこなわれているかについて、把握することが難しくなってしまいます。

Vue.js 2-8 状態管理における心構え

ここまで、Vue.js開発における状態管理の実装方法やそのメリット・気をつけるべきポイントについて、いくつか見てきました。これらの方法のうち、どの方法を採用するかといったことに正解はなく、時と場合に応じて柔軟に判断していくという姿勢が重要です。

最後に、いずれの方法を選択するにせよ状態管理をおこなう際に意識したい心構えについて見ていきましょう。

状態の量を必要最小限に保つ

状態管理において最も基本的で大切なことは、状態の量を必要最小限に保つことです。状態の量を必要最小限に保つことで、それらを認知・管理するコストやそれらに起因してバグが発生するリスクを小さくすることができます。

Vueコンポーネントのdataやストアのstateといった状態オブジェクトは、できるだけ小さく保つことを心がけましょう。

Vueコンポーネントのdata

Vueコンポーネントのdataに登録したデータは、そのコンポーネントインスタンスの内部においてthisキーワードでいつでも参照することができます。特にtemplateからデータを参照できるようになることはとても便利なので、つい状態ではない定数のようなデータをdataに持たせてしまうことがあります。しかし、コンポーネントのdataはそのコンポーネントが持つ状態データであるべきです。

リスト40は、定数 `TYPE` をtemplate側で利用するためにdataとして登録してしまっています。これは状態を最小限に保てていないアンチパターンとなります。

```
// リスト40
// 悪い例：定数をdataに登録してしまっている

<template>
<div>
  <span v-if="type === TYPE.A">タイプAの表示</span>
  <span v-else-if="type === TYPE.B">タイプBの表示</span>
</div>
</template>

<script>
const TYPE = {
  A: 'a',
  B: 'b'
};

export default {
  data() {
    type: TYPE.A,
    TYPE
  }
}
</script>
```

実際には、TYPEは状態ではないのでdataには登録せずに算出プロパティから参照する形にします。

```
// リスト41
// 良い例：dataが最小限になっている

<template>
<div>
  <span v-if="isTypeA">タイプAの表示</span>
  <span v-else-if="isTypeB">タイプBの表示</span>
</div>
</template>

<script>
const TYPE = {
  A: 'a',
  B: 'b'
};

export default {
  data() {
    type: TYPE.A
  },
  computed: {
    isTypeA: () => this.type === TYPE.A,
    isTypeB: () => this.type === TYPE.B,
  }
}
</script>
```

状態への副作用を持つコードを小さくする

状態への副作用を持つコードとは、状態から何かしらの影響を受ける可能性のある（もしくは状態に何かしらの影響を与える可能性のある）コードのことを指します。これは、実際に状態を参照しているかどうかにかかわらず、潜在的なもの含めて、その可能性があるかどうかが重要なポイントです。状態に対して副作用を持つコードには、次のようなものがあります。

- Vueコンポーネントのmethods、computed、created
- ストアのアクション（メソッド）
- ストアをimportしたコンポーネント

副作用のない純粋な関数は、引数以外に外部からの影響を受けることがありません。そのため、テストによってその振る舞いを保証することが容易になります。しかし、状態への副作用を持ったコード(関数）の振る舞いを保証するのは容易ではありません。コンポーネントも同様です。

さらに、状態への副作用を持ったコードが大量に散らばっていると、その状態を扱う際にそれらのコードを壊さないように気を配りながら開発を進めなくてはなりません。こうした無駄なコストを最小化するためにも、状態への副作用を持つコードはなるべく小さく保ち、可能なものは純粋な関数へと切り出しておくべきでしょう。

状態のスコープを小さく保つ

状態のスコープとは、その状態が参照される範囲のことを指します。

たとえば、コンポーネントのdataで管理されている状態のスコープはそのコンポーネントになります。一方で、Vuexで管理されている状態のスコープは、グローバルスコープです。

状態管理をおこなううえでは、このような状態のスコープの違いを意識して、不必要にスコープを広げ過ぎないように気を配るべきです。なぜなら、状態のスコープは「その状態に起因して起こるバグのスコープ」もあるからです。

具体的には次のようなことを意識すると良いでしょう。

- コンポーネントでしか使用しない状態は、コンポーネントのローカルステート（data）として定義する
- グローバルなストア（例：Vuex）で管理するのは、アプリケーションレベルの状態だけにする
- コンポーネントの死活に合わせてストアのインスタンス作成と破棄をすることで、ストア自体のスコープを（擬似的に）コンポーネントのスコープに合わせる

状態を重複して持たない

本章の冒頭でも述べましたが、状態はアプリケーション上の一意な変数・プロパティとして表現されるべきです。同じ意味を表す状態が、アプリケーション上に複数存在するべきではありません。同じ状態が複数存在するということは、それらの間に整合性の問題を抱えることになるうえ、どちらを正とみなすべきかも判断できなくなります。そうした状況は、バグの温床となり得ます。

状態を重複させてしまう例として、次のようなものが挙げられます。

(1) 同じ状態を表現する状態データが複数コンポーネントで別々に管理されている

シンプルに同じ状態が複数の場所で管理されているケースです。こういったケースでは、状態データを共有することによって状態の重複を回避することができます。

【対策】

- 共通の親コンポーネントで状態データを管理し、propsベースで状態を共有する
- ストアで状態を管理し、ストアを参照する形で状態を共有する

(2) 派生データを変数として表現してしまう

本章の冒頭でも述べましたが、派生データは状態データを元に算出されるデータであるため同期的な関数として表現するべきです。しかし、Vue.jsのwatchなどのしくみを使うことで、変数（data）で表現することもできてしまいます。

派生データが変数として表現されてしまうと、派生データと状態データを区別することができなくなり、それらの間の整合性も保証されません。こうした状況は、状態が重複しているのと同等の状況であるといえます。

【対策】

- 状態データと派生データを区別し、状態データを変数（data）で、派生データを関数（computed）で表現する

```
// リスト42
// 悪い例：派生データを変数で表現し、watchで算出している

export default {
  data() {
    firstName: 'Evan',
    lastName: 'You',
    fullName: 'Evan You'
  },
  watch: {
```

```
    firstName(val) {
      this.fullName = `${val} ${this.lastName}`;
    },
    lastName(val) {
      this.fullName = `${this.firstName} ${val}`;
    }
  }
}
```

```
// リスト43
// 良い例：派生データを関数（computed）で表現している

export default {
  data() {
    firstName: 'Evan',
    lastName: 'You'
  },
  computed: {
    fullName() {
      return `${this.firstName} ${this.lastName}`;
    }
  }
}
```

暗黙的な状態の変更を避ける

状態管理を適切におこない、アプリケーションを正しく動作させていくためには、そのアプリケーションにおいて状態がどのように変更され、それに伴ってアプリケーションがどう振る舞うのかについて、開発者が正確に理解できている必要があります。

しかし、状態を暗黙的に変更するコードが増えることで、開発者が状態の変遷やアプリケーションの振る舞いについて予測・理解することが難しくなってしまいます。

暗黙的な状態の変更の例を挙げてみましょう。

(1) propsで親から受け取ったデータ（オブジェクト）を子コンポーネント側で書き換える

親コンポーネントは、子コンポーネント側で自らのdataが書き換えられることを予測することができません。親コンポーネントを開発する際に、予期せぬ状態の変更がおこなわれることで不具合を招いてしまうリスクがあります。

【対策】

- props down, event upを徹底する
- propsではなるべくプリミティブな値を渡すようにする（プリミティブなpropsを変更するとVue.jsがエラーを投げる）

(2) ストアで管理している状態データをコンポーネント側で直接変更する

ストアは、コンポーネント側で自らのstateを書き換えられることを予測することができません。ストアを開発する際に、予期せぬ状態の変更がおこなわれることで不具合を招いてしまうリスクがあります。

【対策】

- stateの変更は、セッター関数経由でおこなうようにする（Vuexの場合はmutation経由での状態変更が必須になる）

(3) v-modelを使った状態変更

`v-model`を使った双方向バインディングは、編集可能なデータを扱ううえでとても便利な機能です。`v-model`をうまく使うことでフォームを扱うコンポーネントをシンプルに実装することができます。

しかし、`v-model`を利用したデータ変更は、データ変更処理がtemplate側に置かれてしまうという点で、状態変更の見通しを悪化させてしまうことへとつながります。`v-model`に限らず、`v-on`などの式でデータを書き換えるようなケースも同様です。コンポーネントのローカルステートを書き換える程度であれば大した問題にはならないことが多いですが、例(1)や例(2)のように外部で管理されている状態を書き換えるようなケースと組み合わさると厄介です。

【対策】

- template側に、状態を変更する式を書かない
- computedのsetter関数を使って明示的に状態を変更する

```
// リスト44
// 悪い例：v-modelで親コンポーネントのdataを書き換えている

<template>
<input v-model="data.name" />
</template>

<script>
export default {
  props: {
    name: data,
    type: Object
  }
}
</script>
```

```
// リスト45
// 良い例：v-modelにcomputedを渡し、setter関数で親コンポーネントに変更を通知している

<template>
<input v-model="name" />
</template>

<script>
export default {
  props: {
    name: data,
    type: Object
  },
  computed: {
    name: {
      get() {
        return this.data.name;
      },
      set(val) {
        this.$emit('change', val);
      }
    }
  }
}
</script>
```

第3章

UIコンポーネントの開発

Webアプリケーションは、さまざまな機能の組み合わせによって成り立っており、各機能ごとにコンポーネント(部品)として分解し独立させることで、アプリケーション全体の管理がしやすくなります。Vue.jsを利用することで、このコンポーネントの作成と管理がかんたんにできるようになります。

コンポーネントの責務にはさまざまな種類がありますが、大まかに分類すると以下の2つに分類できます。

- アプリケーションの状態管理や機能提供に責務を持つコンポーネント
- アプリケーションの見た目だけに責務を持つUIコンポーネント

この章では、後者のUIコンポーネントの開発について焦点を絞って解説していきます。

Vue.js 3-1 コンポーネント指向開発への流れ

コンポーネント指向のフレームワークの登場

Vue.jsはコンポーネント指向のフレームワークであるとされています。コンポーネント指向での開発が主流となった背景には、どのような変化があったのでしょうか。Angular、React、Vue.jsが登場するまでの流れをかんたんに見ていきましょう。

元々Webの大半は静的なWebページでした。HTMLでコンテンツを構造化し、CSSで表示デザインを指定し、JavaScriptで動作を提供していました。2000年代中盤、Ajaxの登場でページ遷移なしのインタラクションが可能になりました。jQueryやWeb APIの普及でWebサイトはどんどん進化し、単なる静的なWebページには留まらないリッチなアプリケーションが構築できるようになりました。ユーザーが求める体験の質も飛躍的に向上し、Webアプリケーションの開発はとても複雑になります。

複雑なWebアプリケーションの開発において、堅牢かつ柔軟性のあるUIを構築するために、コンポーネントはとても重要な考え方です。2011年「Fronteers Conference」でGoogleのエンジニアであるAlex Russell氏によって「Web Components」が発表されました。UIコンポーネントの標準化を目指したブラウザ仕様で、HTML、CSS、JavaScriptをコンポーネントとして扱うために開発されました。ほかのブラウザーベンダーとの合意がうまくいかずスムーズに普及してきたとは言えませんが、Angular、React、Vue.jsなどのJavaScriptフレームワークに大きな影響を与えたと言えるでしょう。

HTML5、ECMAScriptの進歩やNode.jsの登場により、動的なアプリケーションの構築に特化したコンポーネント指向のJavaScriptフレームワークが誕生します。以下のようなJavaScriptフレームワークはSPA（Single Page Application）の原則を採用しており、ネイティブアプリケーションのような快適な操作性を実現できます。

[おもなJavaScriptフレームワーク]

フレームワーク	登場年月
Angular	2012年6月
React	2013年3月
Vue.js	2014年2月

Angular、React、Vue.jsの普及で、Webアプリケーション開発のアーキテクチャとプロセスはコンポーネントを中心としたものに移行していきます。

UIコンポーネント開発の変遷

さまざまな機能を「関心の分離」により分割するコンポーネントは、1960年代からソフトウェア開発における重要な原則の1つでした。コンポーネントの考え方は、「技術を小さな部品として蓄積し、それらを組み合わせる」というもので、決して新しいものではありません。

Webサイトや Webアプリケーションの開発でもコンポーネントの考え方を使って、再利用性の高いUIを設計してきました。「壊れやすいCSS」へのアプローチとしてBEM、SMACSS、ECSSなどの手法が発展してきました。2010年代にはStyleDocco、KSS、Hologramなど、コンポーネントを一覧化するスタイルガイドジェネレータも誕生し、CSSを「Single source of truth」と見なし開発をする方法が一般化しました。

コンポーネント指向のフレームワークの登場によって、UIコンポーネントの開発にはどのような影響があったのでしょうか？　Reactがオープンソース化された2013年の「JSconf」において、当時Facebookのエンジニアであった Pete Hunt氏が「Rethinking Best Practices」というタイトルで登壇しました。この講演ではこれまでの「テンプレート」を構築する方法から、「コンポーネント」を構築する方法に進むべきだということが語られました。

具体的には、これまでテンプレートを構築するためにおこなわれていた、HTML／CSS／JavaScriptをそれぞれのファイルで開発していく方法は、「テクノロジーの分離」であり、「関心の分離」ではないということを言っています。表示ロジックとマークアップは密結合しているはずであり、共にUIを表示しているので、HTML、CSS、JavaScriptを組み合わせて1つのコンポーネントとして開発することが本来的な関心の分離でしょうと述べています。

コンポーネントという新たな境界が登場したことで、HTML／CSS／JavaScriptの境界は薄れていきます。現代のフロントエンドにおけるコンポーネント指向の開発では、このような方法で構築された小さなUIコンポーネントを組み合わせ、大きなアプリケーションを開発していくアプローチをとります。

Vue.js 3-2 コンポーネント駆動開発

コンポーネント駆動開発は、最小単位のコンポーネントからスタートするボトムアップのアプローチです。UIをビジネスロジックから分離することで再利用性を高め、コンポーネントの組み合わせでページを構築します。

コンポーネント駆動開発では、開発をコンポーネント単位に閉じることができるので、心理的な負担をかなり減らせます。異なるメンバーでコンポーネントごとの同時作業が可能なため、開発を並列化できるというメリットもあります。また、コンポーネント単位でのテストをおこなうことで、UIのカバレッジを高めることもできるでしょう。コンポーネントライブラリを構築することで、チームメンバーへ再利用を促し、アップデートの検知も容易になります。

Googleのエンジニアである Addy Osmani氏は、コンポーネント駆動開発のための重要な原則について「Components Should Be Focused, Independent, Reusable, Small & Testable (FIRST)」[注1]というエントリーで、以下のようなFIRSTの原則を公開しています。モジュール性を考えコンポーネントの焦点を絞ることで、再利用が増え、メンテナンスが容易になり、拡張性が向上すると述べています。

- Keep it (F)ocused.　焦点を絞る
- Keep it (I)ndependent.　独立させる
- Keep it (R)eusable.　再利用可能にする
- Keep it (S)mall.　小さくする
- Keep it (T)estable.　テスト可能にする

コンポーネント駆動開発を支えるツール

Angular、React、Vue.jsなどのフレームワークのほかにも、コンポーネント駆動での開発を支える考え方やツールがあります。プロジェクトの規模や内容に応じてうまく活用しましょう。

Atomic Design

Brad Frost氏が提唱したUIとデザインシステムの作成方法で、画面を構成する要素を5つの階層に分類します。原子（atom）、分子（molecule）、有機体（organism）といった化学のメタファーを用いて階層と粒度を定義しています。コンポーネント分割の指針として最も有名な方法ではないでしょうか。

Atomic Designは、コンポーネント駆動で開発する際に、多様なメンバーで共通認識をつくるために有効です。しかし、元々の目的に反して「どのコンポーネントがどの階層に属するのか？」という判断が難しく、チームでの議論に疲弊している事例もよく見かけます。Atomic Designでは「チームにとって意味のある分類法を確立しましょう」と述べられているので、元々の分類に縛られずチームに合う方法を検討するのが良いでしょう。

コンポーネントエクスプローラー

コンポーネントをさまざまなステートで表示できるアプリケーションです。Vue.jsで使えるものとしては、StoryBookとStyleguidistが代表的でしょう。コンポーネントエクスプローラーを使用するとコンポーネントの参照が容易になるので、チームでのコミュニケーションロスを解消できます。

また、すべてのステートで視覚的なテストをおこなうことも可能です。ただし、運用はそれなりにコストがかかります。プロジェクトやチームによってはハードルが高かったりオーバースペックになるこ

注1　https://addyosmani.com/first/

ともあるので、要件に応じてツールを選択・導入することをおすすめします。

UIコンポーネントライブラリ

UIコンポーネントライブラリを使うことで、高機能なUIを開発なしに導入できます。コンポーネント駆動開発では、これらのライブラリがコードサンプルとして参考になります。ソースコードはGitHubで公開されていることがほとんどなので、どのような記述でコンポーネントが作られているのかを確認することができます。たくさんの開発者に使ってもらえるよう汎用性と簡便性を考えて作られているため、学びが多い教材となるでしょう。人気のライブラリであればあるほど、ユーザーからのフィードバックによって磨き込まれたものとなっています。

人気のライブラリとしては、Vuetify、Element、Vue Materialなどがあります。

COLUMN

コラム　共通コンポーネントを作成するタイミング

プロダクト開発の初期ステージでは、スピード感が求められ、機能もUIも速いサイクルで常に変化し続けます。UIのパターンも揃いきっておらず、デザインルールの統一もできてない段階で無理にコンポーネントを共通化すると、未熟な共通コンポーネントは多くの修正が必要となるでしょう。

共通化したコンポーネントは、ほかのページでの影響を考慮しながら修正しなければならなくなり、思わぬバグや表示崩れを引き起こす原因にもなりかねません。多少冗長となっても、無理に共通化させないほうがプロダクトの開発スピードを落とさない場合もあります。

もちろん、はじめからコンポーネントの設計がきちんとできるような環境であれば、コンポーネント駆動開発で進めることが良い結果をもたらすでしょう。しかし、そのためにはデザイナーやほかのメンバーの相互理解と協力が不可欠になります。

プロダクトのステージやメンバー構成など、さまざまな要因によってベストな進め方は変わってくるため、柔軟に判断する必要があります。

Vue.js　3-3 Vue.jsにおけるコンポーネント開発

ここからは、Vue.jsにおいてのコンポーネントとは何かを具体的に見ていきましょう。

Vue.jsではHTML、CSS、JavaScript を1つの`.vue`ファイルにまとめて、見た目と振る舞いがセットになったコンポーネント（Single File Components: SFC）を作ることができます。（JSXではない）

普通のHTMLと、（CSS-in-JSではない）普通のCSSを使えることが特徴です。ブラウザネイティブの構文解析を使用できるため、学習コストが低く、デザイナーにもエンジニアにも心理的な抵抗が少ないというメリットがあります。

[Vue.jsのSingle File Componentsの例]

```
<template>
  <div>
    <p>{{ greeting }} World!</p>
    <OtherComponent />
  </div>
</template>

<script>
import OtherComponent from './OtherComponent.vue';
export default {
  components: {
    OtherComponent,
  },
  data() {
    return {
      greeting: 'Hello',
    };
  },
};
</script>

<style lang="scss" scoped>
p {
  color: red;
}
</style>
```

SFCでは、コンポーネントに関連するスタイルやスクリプトが、すべて1つのVueファイル内で完結するため、コンポーネントが不要になったときにかんたんに捨てやすく、保守しやすいアプリケーションとなります。SFCでコンポーネントを管理することが、Vue.jsの強みを最大化すると言えるでしょう。

Vue.jsのアプリケーションは、小さなコンポーネントの組み合わせで大規模なアプリケーションを構築していくことが可能です。このコンポーネント群を再利用しやすく設計することで、開発スピードと品質を両立したWebアプリケーション開発の手助けとなるでしょう。

疎結合なコンポーネントにする

UIコンポーネントは、さまざまなページから利用されるため、汎用的に利用できるようにしておく必要があります。そのためには、見た目だけに責務を持つようにして、アプリケーションやほかのコンポーネントの状態には関知しないようにしておく必要があります。

とはいえ、UIコンポーネントであっても、ボタンのようなユーザーアクションを伴うUIでは、クリックした結果でアプリケーションの状態を変更させる必要があり、バッジやトグルボタンのように、アプリケーションの状態そのものを表示する必要のあるUIもあります。

このような場合には、UIコンポーネントとそれを利用する親のコンポーネントとの間で、前章に出てきた「props down, event up」の考え方を用いてやりとりをおこないます。

たとえば、ボタンのUIコンポーネントにおいては、ボタンの種別（default, primaryなど）や状態（disabled, loading）などをpropsで渡すように設計しておくことで、自由に親からボタンの状態を設定できるようになります。また、ボタンをクリックした後の挙動は、親のコンポーネントにカスタムイベントを送ることで、親のコンポーネント側でクリック後の処理を制御することができます。こうすることで、ボタンのコンポーネント自身はアプリケーションやほかのコンポーネントの状態を知る必要がなくなります。

[ボタンのUIコンポーネント（BaseButton.vue）の例]

```
<template>
  <button
    type="button"
    @click="$emit('click')"
    class="BaseButton"
    :class="classes"
    :disabled="disabled || loading"
  >
    <span v-if="loading">読み込み中…</span>
    <slot v-else></slot>
  </button>
</template>

<script>
export default {
  name: 'BaseButton',
  props: {
    type: {
      type: String,
      default: 'default',
      validator(val) {
        return [
          'default',
          'primary',
          'success',
          'info',
          'warning',
          'danger',
        ].includes(val);
      },
    },
    size: {
      type: String,
      default: 'middle',
      validator(val) {
        return ['small', 'middle', 'large'].includes(val);
      },
```

```
    },
    loading: {
      type: Boolean,
      default: false,
    },
    disabled: {
      type: Boolean,
      default: false,
    },
  },
  computed: {
    classes() {
      return ['_' + this.type, '_' + this.size];
    },
  },
};
</script>

<style scoped>
.BaseButton {
  appearance: none;
  display: inline-flex;
  align-items: center;
  justify-content: center;
  height: 32px;
  padding: 0 16px;
  border: none;
  font-size: 12px;
}
/* size */
.BaseButton._small {
  height: 24px;
  font-size: 10px;
}
.BaseButton._middle {
  height: 32px;
  font-size: 12px;
}
.BaseButton._large {
  height: 40px;
  font-size: 14px;
}
/* type */
.BaseButton._default {
  background-color: gray;
  color: black;
}
.BaseButton._primary {
  background-color: blue;
  color: white;
}

(省略)

</style>
```

[親コンポーネントからBaseButtonを利用する]

```
<template>
  <div>
    <BaseButton type="primary" size="large" @click="onClickButton">
      Say Hello
    </BaseButton>
  </div>
</template>

<script>
import BaseButton from './components/BaseButton.vue';

export default {
  name: 'App',
  components: {
    BaseButton,
  },
  methods: {
    onClickButton() {
      console.log('Hello!');
    },
  },
};
</script>
```

[生成されるHTML]

```
<div>
  <button type="button" class="BaseButton _primary _large">
    Say Hello
  </button>
</div>
```

常に外部から利用されることを意識してコンポーネントの設計をおこなうと良いでしょう。

propsのバリデーション

先ほどのボタンコンポーネントのpropsには、`validator`というプロパティがありました。これは、Vueのpropsのカスタムバリデータの機能で、propsとして渡す値に対してバリデーションのルールを設定することができ、ルールから外れた値が設定された場合はエラーにすることができます。

この機能を利用して、コンポーネントのスタイルのバリエーションをあらかじめ定義しておくことで、そのコンポーネントのバリエーションをかんたんに把握できたり、規定外の値を指定されて表示が崩れてしまうような事態を回避できたりするため、面倒でも定義しておくことをおすすめします。

[BaseButton.vue]

```
props: {
  type: {
    type: String,
    default: 'default',
    validator(val) {
      return [
        'default',
        'primary',
        'success',
        'info',
        'warning',
        'danger',
      ].includes(val);
    },
  },
  size: {
    type: String,
    default: 'middle',
    validator(val) {
      return ['small', 'middle', 'large'].includes(val);
    },
  },

（省略）

}
```

このボタンコンポーネントは、typeとsizeの値を元にしたクラス名をコンポーネントに付与し、そのクラスに対してスタイリングをおこなっています。

```
computed: {
  classes() {
    return ['_' + this.type, '_' + this.size];
  },
},
```

```
<style>

（省略）

/* size */
.BaseButton._small {
  height: 24px;
  font-size: 10px;
}
.BaseButton._middle {
  height: 32px;
  font-size: 12px;
```

```
}
.BaseButton._large {
  height: 40px;
  font-size: 14px;
}
/* type */
.BaseButton._default {
  background-color: gray;
  color: black;
}
.BaseButton._primary {
  background-color: blue;
  color: white;
}

（省略）

</style>
```

propsのvalidator(val)でtrueが返らなければ、Invalid prop: custom validator check failed for prop "type".というエラーになり、アプリケーションが描画されません。

また、defaultを設定しておくことで、propsに何も値を渡さなかった場合のデフォルトのコンポーネントのスタイルを設定することも可能です。

validatorを用いることで、コンポーネントが想定されたデザインの範囲内で正しく利用されているかを簡易的にチェックできるということです。

propsかslotか

次に、先ほどのボタンコンポーネントにおいて、ボタンのラベルに<slot>要素を用いていたことに注目してみます。

[BaseButton.vue]

```
<template>
  <button
    type="button"
    @click="$emit('click')"
    class="BaseButton"
    :class="classes"
    :disabled="disabled || loading"
  >
    <span v-if="loading">読み込み中…</span>
    <slot v-else></slot>
  </button>
</template>
```

[BaseButtonを利用する親コンポーネント]

```
<BaseButton type="primary" size="large" @click="onClickButton">
  Say Hello
</BaseButton>
```

slotとは、Vue.jsに実装されているコンテンツ配信APIのことです。親要素で設定したコンテンツが、子コンポーネントの`<slot>`要素に置き換わり、次のようなHTMLが生成されます。

[生成されたHTML]

```
<button type="button" class="BaseButton _primary _large">
  Say Hello
</button>
```

`Say Hello`はボタンのラベルとなりますが、コンポーネントの設計によっては、ラベルをpropsで渡す方法も考えられるでしょう。

[BaseButton.vue (propsでラベルを渡す)]

```
<template>
  <button
    type="button"
    @click="$emit('click')"
    class="BaseButton"
    :class="classes"
    :disabled="disabled || loading"
  >
    <span v-if="loading">読み込み中…</span>
    <template v-else>{{ label }}</template>
  </button>
</template>

<script>
export default {
  props: {
    label: {
      type: String,
    },
  }
};
</script>
```

[BaseButtonを利用する親コンポーネント (propsでラベルを渡す)]

```
<BaseButton label="Say Hello" type="primary" size="large" @click="onClickButton" />
```

この場合でも、生成されるHTMLは同じになります。

ラベルがテキストだけの場合はこれでも良いのですが、ボタンのラベルとしてアイコンを追加したい場合には、新たにiconのようなpropsを追加して、アイコン名を指定することでボタンにアイコンを付与できるようにコンポーネントを作り替える必要があります。

[BaseButtonを利用する親コンポーネント（propsでアイコン＋ラベルを渡す）]

```
<BaseButton icon="play" label="Say Hello" type="primary" size="large" @click="onClickButton" />
```

また、アイコンの位置をラベルの前後どちらに置くかについても、デザインルールが統一できていない場合は、両方に対応できるようにする必要が出てくるかもしれません。

[BaseButtonを利用する親コンポーネント（propsでアイコン位置＋アイコン＋ラベルを渡す）]

```
<BaseButton iconPosition="end" icon="play" label="Say Hello" type="primary" size="large" @
click="onClickButton" />
```

このように、すべてをpropsで賄なおうとするとpropsの数が膨大になり、ルールが複雑なコンポーネントになってしまいます。また、想定外のイレギュラーなパターンが発生するたびに、UIコンポーネントのアップデートが必要になるため、運用コストもかかります。

そこで、このボタンコンポーネントの例では、HTMLの<button>要素と同じように、ボタンの中身を外部から自由に設定できるようにしています。

ただし、コンテンツを自由に設定できるという特性は、メリットでもありデメリットでもあります。デザインで想定していないコンテンツを設定されてしまうと、デザインの統制がとれなくなったり、コンポーネントのスタイルが崩れたりということも起こり得ます。

どちらを使うのがよりベターなのかは、ケースバイケースです。このボタンの例で言えば、アイコンとラベルの両方を設定する場合は、アイコンを前後どちらかにすることをデザインのルールとして統一し、イレギュラーなケースに備えて、ボタンの中身を<slot>要素で自由に設定できるようにしておくくらいが、バランスとして良いのではないでしょうか。

```
// iconを設定した場合は、ラベルの前にアイコンを表示するようルールを統一
<BaseButton icon="play" @click="onClickButton">
  Say Hello
</BaseButton>

// ラベルがないアイコンのみのボタン
<BaseButton icon="play" @click="onClickButton" />
```

```
↖
// イレギュラーなケースとして、アイコンを後ろに表示する
<BaseButton @click="onClickButton">
  Save
  <icon name="caret-down" />
</BaseButton>

// アイコンを直接SVGで設定する
<BaseButton @click="onClickButton">
  <svg>...</svg>
</BaseButton>
```

Vue.js

3-4 Vueコンポーネントの利用

コンポーネントを利用するためには、Vueへの登録が必要です。登録には、グローバル登録とローカル登録の2種類があります。グローバルに登録されたコンポーネントは、そのVueインスタンスのコンポーネントツリーにおけるすべてのサブコンポーネント内で使用できます。ローカル登録の場合はサブコンポーネント内では使用できません。

サイト共通のUIコンポーネントのような頻繁に使うコンポーネントをどう登録するべきかは、悩ましいポイントではないでしょうか。Vue公式のドキュメントには、`require.context`を使って特定のフォルダのコンポーネントを自動登録する方法が紹介されています[注2]。この方法だとコンポーネントを都度登録する必要が無く、特定のフォルダにコンポーネントファイルを入れるだけで登録可能です。

```
import Vue from 'vue';
import upperFirst from 'lodash/upperFirst';
import camelCase from 'lodash/camelCase';
const requireComponent = require.context(
  // コンポーネントフォルダの相対パス
  './components',
  // サブフォルダ内を調べるかどうか
  false,
  // 基底コンポーネントのファイル名に一致させるのに使う正規表現
  /Base[A-Z]¥w+¥.(vue|js)$/
);
requireComponent.keys().forEach((fileName) => {
  // コンポーネント設定を取得する
  const componentConfig = requireComponent(fileName);
  // コンポーネント名をパスカルケース（PascalCase）で取得する
                                                              ↘
```

注2 https://jp.vuejs.org/v2/guide/components-registration.html#基底コンポーネントの自動グローバル登録

```
  const componentName = upperFirst(
    camelCase(
      // フォルダの深さに関わらずファイル名を取得する
      fileName
        .split('/')
        .pop()
        .replace(/¥.¥w+$/, '')
    )
  );
  // コンポーネントをグローバル登録する
  Vue.component(
    componentName,
    // `export default` を使ってコンポーネントがエクスポートされた場合に存在する
    // `.default` でコンポーネントオプションを期待していて
    // 存在しない場合にはモジュールのルートにフォールバックします。
    componentConfig.default || componentConfig
  );
});
```

`require.context`を使った自動登録は便利な半面、そのコンポーネント内で利用可能なコンポーネントが暗黙的になってしまうというデメリットもあります。使用するコンポーネントのみを都度ローカル登録すれば、使用しているコンポーネントがひと目でわかります。

どちらがよいかは、プロジェクトの規模や何を優先するかによって変わってきます。このような方法もあるということを理解しておくとよいでしょう。

3-5 Vue 3.0で登場した新機能

Vue 3.0で登場した、UIコンポーネントの開発にも有効な機能を3つ紹介します。

Fragments

Reactのfragmentsにインスパイアされた機能です。これまでコンポーネントを作成した際に、ルートノードは1つしか持つことができませんでした。たとえば以下の記述はエラーとなります。

```
<template>
  <td>Hello</td>
  <td>World</td>
</template>
```

Vue 3ではこのような複数のルートノードを持つコンポーネントが利用できるため、余分なノードを追加することなく子要素をまとめられます。たとえば`table > tr`要素の中に、複数の`td`を持つコンポーネントをレンダリングしたい時に有効です。

また、マークアップエンジニアとフロントエンドエンジニアで分業する際、コンポーネント分割の粒度が揃わず不要なdivを挿入しないといけないことがあります。この問題もFragmentsで解決できます。HTMLをクリーンに保つことができて、分業もしやすくなるでしょう。

Teleport

Thorsten Lünborg氏開発のプラグインportal-vueを公式に採用した機能です。Teleportはコンポーネントを DOMツリーの別の場所にレンダリングすることができます。まさに「コンポーネントがテレポートする」というイメージです。以下のようにteleport要素とto属性を記述することで、指定の要素に内部の要素を移動できます。

[元のコンポーネント]

```
<template>
  <div class="sample">
    <button @click="isModalOpen = true">開く</button>
    <teleport to="#teleport-target">
      <div class="Modal" v-show="isModalOpen">
        <p>モーダル</p>
        <button @click="isModalOpen = false">閉じる</button>
      </div>
    </teleport>
  </div>
</template>
```

[テレポート先のコンポーネント]

```
<template>
  <div id="teleport-target">
    <!-- ここにModalが表示される -->
  </div>
</template>
```

これまでの方法では、z-indexの問題でレイヤー最上部への表示が難しいケースがありました。さらに、親要素のstyleが干渉してしまうといった問題もあります。

Teleportを使うとレンダリング先を指定することができるので、それらの問題を解決できます。z-indexや親スタイルの干渉を防ぐためにCSSを頑張る必要なく、コードをきれいに保つことができるでしょう。

SFC State-driven CSS Variables (Experimental Features)

コンポーネントの状態に応じてスタイルを動的に更新する機能です。CSSネイティブの変数（CSS variables）を利用してコンポーネントの状態とスタイルを接続することができます。

```
<script>
export default {
  data() {
    return {
      color: 'red'
    }
  }
}
</script>

<style vars="{ color }">
.Text {
  color: var(--color);
}
</style>
```

Vue 3.0ですでに実装されており利用可能ですが、RFCが統合されるまでは実験的な機能という位置づけで、フィードバックを収集する目的で提供されています。Vue 3.1以降での正式リリースを目指しているようです。

第4章

Vue.jsにおけるCSS設計

Vue.jsでは、コンポーネントごとにCSSのスコープを作ることも可能です。スコープがあれば、コンポーネントの外部にスタイルの影響を与えることがないため、今までのように壊れやすいCSSに不安を感じながら、クラス名でコンフリクトを避ける設計をする必要がなくなり、安全にコンポーネントのスタイルを書くことができます。

この章では、VueコンポーネントのCSS設計と、アプリケーション全体のCSS設計について解説していきます。

Vue.js 4-1 CSSのスコープ

CSSが壊れやすい1つの要因として、CSSにはスコープがなく、すべてがグローバルスコープであることが挙げられます。

スコープがないがゆえ、BEMやECSSのような冗長なクラス名の命名規則を用いて、スタイルのコンフリクトを避ける必要があります。また、すべてがグローバルスコープであるため、スタイルの影響範囲を把握できず、一度書かれたスタイルを消すことができなくなり、次第に肥大化し、CSSの管理をしきれなくなるという問題もあります。

Vue.jsのScoped CSSなら、コンポーネント単位でCSSのスコープを作ることができるので、これらの問題を解決できます。

クラス名の命名規則でコンフリクトを避ける方法も、Vue.jsのScoped CSSを使う方法も、アプローチが違うだけで、解決したい問題は同じです。スタイルの再利用ができ、影響範囲を限定的にし、かんたんに捨てやすければ、どちらが正解ということもありません。Scoped CSSのほうが、よりかんたんにそれらをコントロールできるというだけです。

弊社のプロダクトである「KARTE」も、サイト全体で共通で使われるベースのUIコンポーネントのスタイルは、ECSSの命名規則を用いた共通CSSファイルで管理しています。サイト内の全ページで共通CSSを読み込み、テンプレート上でクラス名を付与してスタイルを適用する、という方法で運用しています。そのうえで、ページ固有のスタイルは、Vue.jsのScoped CSSを用いて安全性を担保しつつ、エンジニア各自が自由に記述するといった、共通CSSファイルとScoped CSSをミックスしたハイブリッドな方式を採っています。

Scoped CSS推奨への流れ

一方で、次のような理由により、ベースのUIコンポーネントもScoped CSSにしようという流れもあります。

- 現状は、共通CSSのクラス名付与ルールをエンジニア全員が理解しなければならない。しかし、Vueコンポーネント化をしてCSSのルールをカプセル化すれば、ルールを把握する必要がなくなる
- CSSのクラス名付与ルールをまちがえてもエラーにならないため、デザインの統一をコントロールしずらい。しかし、Vueコンポーネントであれば、propsによる簡易バリデーションが可能
- 共通CSSファイルは設計者以外が触りづらく、変更しづらい

クラス名の命名規則によるCSS設計は、CSSに強いメンバーが上手に設計し、そのルールに則って運

用し続けていく必要があります。ですが、Scoped CSSを用いれば、メンバーのスキルに依存することなく、事故が起こりづらく安全で、捨てやすく、長期の運用に耐え得るCSSを書くことができます。

共通のCSSとして用意したスタイルが設計者の知らないところでどのような使われ方をしているのかをすべて把握することは、現実的には難しいでしょう。想定外の利用をされていることに気づかずに共通スタイルを修正することで、意図せぬ箇所で表示が崩れてしまうかもしれません。その点、Scoped CSSであれば、スタイルの影響範囲はVueファイル内で完結しているため、影響範囲も明確で修正しやすくなります。つまり、変更に強く、壊れにくいCSSとなります。

どのようなCSS設計を用いるかは、プロジェクトの規模やフェーズ、メンバーのスキルセットによって、最適な方法を選択するとよいでしょう。

Vue.js 4-2 Scoped CSSのしくみ

ここまで、CSSのスコープの利点について触れてきましたが、Vue.jsのScoped CSSは擬似的にスコープのカプセル化を再現しているだけであり、Web ComponentsのShadow DOMのそれとは異なります。

Shadow DOMは本物のスコープを持ち、完全に外部のスタイルからは遮断され、カプセル化されています。そのため、コンポーネント内で定義したスタイルがコンポーネント外に影響を与えないだけでなく、コンポーネントの外側で指定されたスタイルの影響も受けません。

対して、Vue.jsのScoped CSSでは、コンポーネント内で定義したスタイルはほかのコンポーネントに影響を与えませんが、コンポーネントの外側で定義されたスコープを持たないスタイルは、コンポーネント内部のスタイルに影響を与えます。

Vue.jsではどのようにCSSのスコープを擬似的に再現しているかというと、vue-loaderがPostCSSを用いて、HTMLにカスタムデータ属性を自動的に付与することで実現しています。

[Vue.jsでの指定]

```
<style scoped>
  .example {
    color: red;
  }
</style>

<template>
  <p class="example">hi</p>
</template>
```

[生成されるHTMLファイル]

```
<style>
  .example[data-v-f3f3eg9] {
    color: red;
  }
</style>

<p class="example" data-v-f3f3eg9>hi</p>
```

`data-v-f3f3eg9`というカスタムデータ属性がコンポーネント内のDOM要素に自動的に付与され、CSSセレクタにもこのカスタムデータ属性が付与されます。そのため、コンポーネントの外部にスタイルが影響を及ぼすことがないというしくみです。しかし、実態はスコープを持たない普通のCSSなので、コンポーネントの外側で定義された、スコープを持たないスタイルの影響を受けてしまうのです。

なお、SFCであっても`style`要素に`scoped`属性をつけなければ、Scoped CSSにはなりません。意図的に、Scoped CSSとスコープを持たないCSSを混在させたい場合は、以下のように記述することも可能です。

```
<style>
  /* ページ全体のスコープ */
  .global {
    color: blue;
  }
</style>

<style scoped>
  /* コンポーネントのスコープ */
  .local {
    color: red;
  }
</style>
```

【Vue 3での変更点】

Vue 3では、新しく追加される`::v-global()`擬似要素を用いて、Scoped CSS内でもグローバルなスタイルを記述できるようになります。

Scoped CSSの特徴

Vue.jsのScoped CSSのしくみが把握できたところで、次に、Shadow DOMとの違いや注意すべき特徴について解説します。

コンポーネントの外側のスタイルの影響を受ける

先ほど述べたとおり、Shadow DOMは本物のスコープを持つため、完全に外部のスタイルは遮断されますが、Scoped CSSはコンポーネントの外側で定義された、スコープを持たないスタイルの影響を受けます。

たとえば、`a { color: red }`と定義されたCSSファイルをページ上で読み込んでいた場合、Shadow DOM内のa要素には影響はありませんが、Vue.jsのコンポーネントのa要素は赤色になってしまいます。

リセットCSSのようなもののことを考えれば、Vue.jsのScoped CSSのほうが取り回しやすいのです。しかし、意図せぬスタイルが当たってしまう事故の原因になることや、ベーススタイルが異なるページに対して、同じコンポーネントを配置した場合に、コンポーネントの見た目が違ってしまう可能性があることは、デメリットにもなります。

このため、コンポーネントの外部で、スコープを持たないCSSを定義する場合は、HTML要素（pやspanなど）に直接スタイルを指定したり、ほかとコンフリクトしそうな安易なクラス名を用いないように注意する必要があります。

deepセレクタによる子コンポーネントのスタイル調整

先ほど、Scoped CSSで書かれたスタイルは、ほかのコンポーネントに影響を与えないと説明しましたが、外側のコンポーネントから、内側の子コンポーネントのスタイルを意図的に調整したい場合が時折あります。そのような場合のために、deepセレクタが用意されています。

deepセレクタは、>>>コンビネータを用いて指定します。なお、Sassなどの一部のプリプロセッサでは>>>が利用できないため、エイリアスである::v-deepまたは/deep/を利用します。

[Vue.jsでの指定]

```
<style scoped>
  .a >>> .b {
    /* ... */
  }
</style>
```

[生成されるCSS]

```
<style>
  .a[data-v-f3f3eg9] .b {
    /* ... */
  }
</style>
```

deepセレクタ以降の要素には、カスタムデータ属性による疑似スコープが付与されなくなるため、コンポーネントの子孫にあたる要素に対して、親のコンポーネントからスタイルを指定できるようになります。

ただし、このdeepセレクタは、極力使わないで済むようなCSS設計にすることを強くおすすめします。

なぜなら、deepセレクタを用いることで、スコープのカプセル化を破壊してしまうからです。

deepセレクタを使うと、どの親コンポーネントで使われるのかによって、子のコンポーネントの見た目が変わってしまいます。つまり、コンポーネント内でスタイルが完結しなくなり、コンポーネントの独立性が失われます。

Web ComponentsのShadow DOMの仕様でも、以前は`::shadow`セレクタと`/deep/`セレクタが存在していましたが、Shadow DOM内の要素を何でも参照できてしまい、カプセル化を破壊してしまうため、現在の仕様では廃止されています。

では、どのような場合にdeepセレクタを使うのかというと、大きく2つのケースが考えられます。

(1) `v-html`によって生成されたDOMに対してスタイルを適用したい場合
(2) Vue.js製のUIライブラリを使う場合

(1)の場合、`v-html`で生成されるDOMはコンポーネントとは別のスコープとなるため、deepセレクタを使用しなければ、スタイルを定義できません。

(2)の場合、サイトのデザインに合わせてデフォルトのスタイルを調整したくなる場合もあるかと思います。ライブラリ側で用意されたテーマ機能などで調整が済めばそれに越したことはありませんが、それに収まらない場合は、deepセレクタを用いて、ライブラリのスタイルを上書きします。

この2つ以外でdeepセレクタを用いる必要が出てきた場合は、CSSの設計を再検討してみるとよいかもしれません。

【Vue 3での変更点】

Vue 3では、`>>>`および`/deep/`コンビネータのサポートが廃止されます。また、`::v-deep`コンビネータは引き続きサポートされますが、非推奨となり警告が表示されるようになります。

代わりに、新しく追加される`::v-deep()`または`:deep()`擬似要素を用いて、引数にセレクタを指定して子コンポーネントのスタイルを指定します。

```
::v-deep .foo {} // 非推奨
::v-deep(.foo) {} // 推奨
```

子コンポーネントのルート要素のスコープに注意

Scoped CSSでは、親のコンポーネントで定義したスタイルはカプセル化され、子のコンポーネントのスタイルに影響を与えることはありません。ただし、子コンポーネントのルートにあたる要素だけは、親と子の両方のスコープを持ちます。

例として、以下のような親子関係を持つコンポーネントを定義します。親も子も、ルートの`div`要素に`.container`というCSSクラスを持っています。

[ParentComponent.vue]

```
<style scoped>
  .container {
    padding: 10px;
    border: 2px solid black;
  }
  .container p {
    font-size: x-large;
  }
</style>

<script>
import ChildComponent from './ChildComponent';

export default {
  components: {
    ChildComponent,
  },
};
</script>

<template>
  <div class="container">
    <p>parent</p>
    <ChildComponent />
  </div>
</template>
```

[ChildComponent.vue]

```
<style scoped>
  .container {
    background-color: gray;
  }
</style>

<template>
  <div class="container">
    <p>child</p>
  </div>
</template>
```

これをブラウザで表示すると、次のようにレンダリングされます。

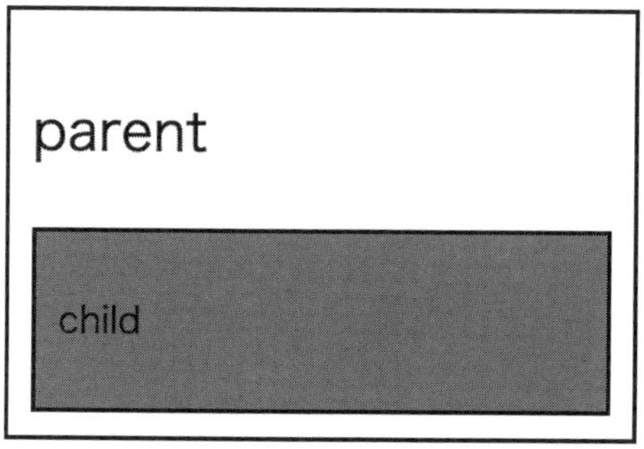

子コンポーネントでは.containerにborderを指定していないにもかかわらず、親コンポーネントのborderのスタイルが子コンポーネントに適用されています。一方、親要素で指定した.container pのスタイル（font-size: x-large;）は親スコープ内で閉じており、子要素には影響していません。

生成されたHTMLを見ることで、この理由が理解できるでしょう。

[生成されるHTML]

```
<style>
  .container[data-v-7842684d] {
    padding: 10px;
    border: 2px solid black;
  }
  .container p[data-v-7842684d] {
    font-size: x-large;
  }
</style>

<style>
  .container[data-v-76a99d57] {
    background-color: gray;
  }
</style>

<div data-v-7842684d class="container">
  <p data-v-7842684d>parent</p>
  <div data-v-76a99d57 data-v-7842684d class="container">
    <p data-v-76a99d57>child</p>
  </div>
</div>
```

子のルート要素<div data-v-76a99d57 data-v-7842684d class="container" />には、子のスコープであるdata-v-76a99d57だけでなく、親のスコープであるdata-v-7842684dも同時に付与されています。そのため、子のルート要素に親のスコープのスタイルも適用されていたのでした。

この問題は、子のルート要素のクラス名と同じクラス名を、親でも使用しているために発生しています。子のルート要素が親のスコープも持つという仕様の本来想定されている使われ方は、子は自身のスタイルを持ち、余白などのレイアウトに関するスタイルは親のコンポーネントで調整するといったものではないかと思われます。

クラス名が重複するような命名をしていたり、HTML要素に直接スタイルを指定するといったようなスタイル指定をしない限り、意図しないスタイルが子にあたるようなことはありません。筆者はVue.jsであっても、次節に解説する命名ルールを用いてクラス名を指定しているため、この仕様によってトラブルが発生したことはありません。

スロットのスコープ

スロットとはWeb Componentsに似たコンテンツ配信APIで、コンポーネントのテンプレートに<slot>要素を設置しておくことで、コンポーネントの中身のコンテンツを外側から自由に設定することができる機能です。このスロットコンテンツは、<slot>要素を設置したコンポーネントと、スロットコンテンツを設定するコンポーネントと両方のスコープを持つため、どちらで定義したスタイルも適用されます。

たとえば、次のような<slot>を持つコンポーネントと、スロットコンテンツを設定するコンポーネントがある場合、スロットコンテンツの<p>slot content</p>部分は、両方のスコープを持つこととなります。

[SlotComponent.vue]

```
<style scoped>
  p {
    padding: 10px;
    border: 2px solid black;
  }
</style>

<template>
  <div>
    <p>slot container</p>
    <slot></slot>
  </div>
</template>
```

[ParentComponent.vue]

```
<style scoped>
  p {
    font-size: x-large;
  }
</style>

<script>
import SlotComponent from './SlotComponent';
export default {
  components: {
```

```
    SlotComponent,
  },
};
</script>

<template>
  <SlotComponent>
    <p>slot content</p>
  </SlotComponent>
</template>
```

これをブラウザで表示すると、次のようにレンダリングされます。

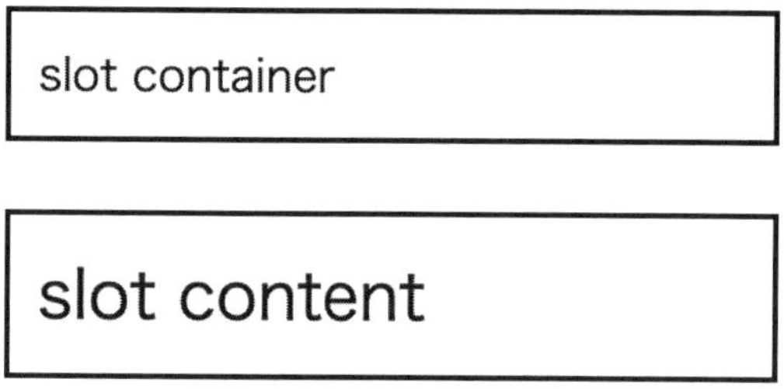

[生成されるHTML]

```
<style>
  p[data-v-d52859bc] {
    font-size: x-large;
  }
</style>

<style>
  p[data-v-451957f9] {
    padding: 10px;
    border: 2px solid black;
  }
</style>

<div data-v-451957f9 data-v-d52859bc>
  <p data-v-451957f9>slot container</p>
  <p data-v-d52859bc data-v-451957f9>slot content</p>
</div>
```

これも、コンポーネントのルート要素の場合と同様に、両方のスコープのデータ属性がスロットコンテンツ部に付与されているため、このような挙動となります。スロットにおいても、次節で解説する命名ルールを用いることで、クラス名の衝突による意図しないスタイルの適用という事故を避けられます。

【Vue 3での変更点】

Vue 3では、親から渡されたスロットコンテンツは、デフォルトで子スコープのスタイルの影響を受けなくなりました。スロットコンテンツを明示的にターゲットにするには、新しく追加された`::v-slotted()`または`::v-slotted()`疑似要素を使用します。

[Vue 3.0での表示]

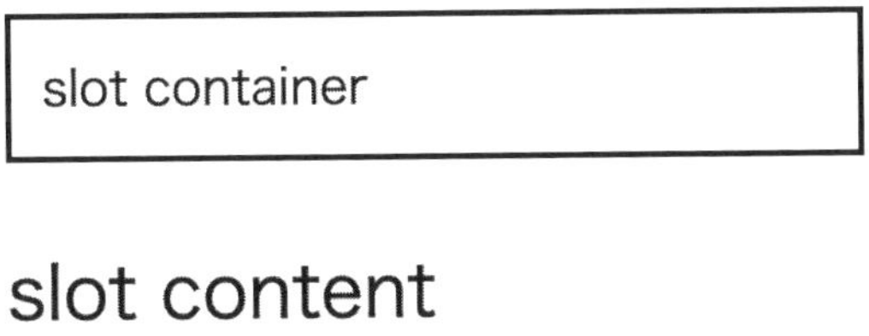

4-3 Vueコンポーネントにおける CSS の命名ルール

Scoped CSS内では、コンポーネント単位でスコープが存在し、カプセル化されるため、BEMのような冗長なクラス名のルールからやっと開放される、と言いたいところですが、だからといって無秩序でよいということにはなりません。

チームでプロダクトを作り上げていく場合、命名ルールがバラバラでは、ほかの人や未来の自分が修正するときに、独自ルールを解釈するコストがかかり、ストレスにもなります。ルールは秩序をもたらし、予測しやすく、他人が見てもわかりやすいコードへとつながります。また、先ほど解説したとおり、コンポーネントのルート要素やスロットコンテンツにおいて親と子のコンポーネントでクラス名が衝突してしまうと、意図しないスタイルが適用されてしまったり、どのコンポーネントに書かれたスタイルなのかを追いづらくなってしまいます。

このため、Scoped CSSとはいえ、CSSの命名はある程度ルール化するほうがよいでしょう。

どのような命名ルールにするかは、プロジェクト内で統一されていればよいのですが、プロジェクトメンバー全員の共通認識とする必要があるため、なるべく多くの人が理解しやすいルールがよいでしょう。そこで、本書では、CSSの命名ルールとして一般的に広く知られている「BEM」をベースにしたクラス名の命名ルールを提案します。

BEM Likeなクラス名のルール

BEMとは、Yandex社で提唱されたCSSの設計手法で、Block（独立したエンティティ）、Element（子孫要素)、Modifile(修飾子)という3つの概念を用います。BlockはWebページを構成する部品であり、Blockの単位で再利用することを前提として考えられています。

BEMの命名規則は、BEMから派生したMindBEMdingの構文が最もよく知られています。

```
.block {}
.block__element {}
.block--modifier {}
.block__element--modifier {}
```

たとえば、タブのグループをBlockの単位とするなら、次のような命名ルールとなります。

```
<div class="tabs">
  <a class="tabs__item tabs__item--current" href="#one">One</a>
  <a class="tabs__item" href="#two">Two</a>
  <a class="tabs__item" href="#three">Three</a>
</div>
```

BEMのBlockの特徴はVueコンポーネントとよく似ています。そのため、Blockをコンポーネントに置き換え、Vueコンポーネント内の要素の命名にBEMの考えを適用すると、次のような命名となります。

```
.ComponentName {}
.ComponentName__element {}
.ComponentName--modifier {}
.ComponentName__element--modifier {}
```

Modifireは状態やバリエーションを表しますが、これらはJavaScriptで制御することが多く、冗長なクラス名だと取り回しがしづらくなるため、Modifire 自身のクラス名は`-modifier`とし、BlockやElementと組み合わせてスタイルを指定するようにします。なお、`--modifier`でないのは、CSSの仕様上、クラス名を2つ以上の連続する記号で開始できないためです。

```
.ComponentName {}
.ComponentName__element {}
.ComponentName.-modifier {}
.ComponentName__element.-modifier {}
```

こうすることで、副次的なメリットもあります。クラス名を組み合わせることで詳細度が高くなるため、もしCSSの記述順が変わったとしても、デフォルトのスタイルよりもModifireのほうが優先され、意図どおりのスタイルがあたることになります。

なお、セパレータの記号は、プロジェクト内で統一されていればどのようなものでもかまいません。これは、本来のBEMでも同様です。例として、KARTEでは次のようなルールで統一しています。

```
.ComponentName_Element._modifire {}
```

Modifireの接頭辞を-から_に変更しているのは、ModifireはJavaScriptで取り扱うことが多いため、そのまま変数として扱うことのできる_を採用したという理由からです。

基本的にはBEMの考えそのまま流用することができるため、いわゆる“オレオレルール”がぐっと減り、プロジェクトメンバーが入れ替えになった場合でも引き継ぎコストが少なく済むでしょう。

BEM Likeな命名ルールのメリット

先ほど、Modifireの説明で少し触れましたが、CSSには詳細度という概念があり、これがCSS設計におけるポイントの1つになります。同じ要素に対するスタイル指定が重複していた場合、詳細度が高いものが優先して適用されるというものです。

たとえば、id属性による指定はclass属性による指定より強く、また、セレクタのネストによっても詳細度が上がります。詳細度が高いスタイル指定を上書きするために、それよりもさらに詳細度を上げる必要が出てきたりと、詳細度のコントロールはなかなか難しいものです。

BEMの考えでは、すべてのセレクタがclass属性を用いた1階層となり、同じ詳細度となります。このため、詳細度のコントロールに頭を悩ませる必要がなくなります。

また、クラス名にコンポーネント名が入ることになるため、DevToolsなどでHTMLのソースコードを見たときに、コンポーネントの構成をイメージしやすくなります。また、クラス名からどのコンポーネントにそのスタイルが書かれているのかが想像できるため、スタイルの影響範囲が明確になります。

COLUMN

要素セレクタを利用しない

pやaなどの要素セレクタに対して直接スタイルを指定することは避け、スタイルを適用するすべての要素には、CSSのクラス名を付与するようにしましょう。これは、BEMの考え方と同様です。

理由の１つは、パフォーマンス観点です。ブラウザのCSSセレクタの処理において、`p { color: red }`のように要素セレクタを用いてスタイルを指定する方法は、`.example { color: red }`のようにクラス名による指定よりも描画のパフォーマンスコストが高くなります。これは、通常のCSSであっても同じことが言えます。特に、Scoped CSSで属性セレクタ（`[data-v-f3f3eg9]`）と組み合わせることになると、その差が大きくなるため、注意しましょう。

もうひとつの理由は、変更に強くするためです。これもScoped CSSに限った話ではなく、CSS設計全般における話でもあります。HTML要素に直接スタイルを指定すると、あとから変更があった場合に、HTMLの構造を変更しづらかったり、追加した要素に意図しないスタイルがあたってしまう問題があります。また、影響範囲を限定するために、`.example a`や`.example > a`のような指定をすると、詳細度が上がってしまうため管理しづらくなります。

以上の理由から、Scoped CSSであってもそうでなくても、要素セレクタに直接スタイル指定をおこなうのは避けるようにしましょう。

Vue.js 4-4 CSSの全体設計

これまで解説したVue.jsのScoped CSSの特徴をふまえて、ここからはVue.jsのWebアプリケーションにおいて、実際にどのようにCSS設計をおこなうとよいか考えていきます。

理想としては、すべてのスタイルをScoped CSSにできれば、コンポーネント内でスタイルがカプセル化され、コンポーネントの再利用をしやすく、不要になれば捨てやすい、長期の運用に耐えうる設計にできるでしょう。とはいえ、現実的には難しい部分も出てきます。

たとえば、ブラウザの差異を埋めるNormalize.cssやスタイルのリセットをおこなうCSSなどをいっさい使用せず、コンポーネントで個々に指定するとなると、面倒でコストもかかります。CSSのコード量も増え、記述漏れにより異なるブラウザ間で表示が崩れてしまうかもしれません。

また、マージンの調整をおこなうようなユーティリティクラスについても、開発スピードを最優先とするなら、使ったほうが便利なケースもあります。

理想的な設計をおこなうことはすばらしいことですが、それが第一の目的とはなり得ません。スピード、コスト、品質のバランスの最適解は、プロダクトのステージやチームメンバーのスキルセットによっても変化します。

ここでは、プロダクトの開発スピードを落とさずに、管理もしやすいバランスを考慮したCSS設計について考えていきます。

定義ファイル

変数／mixin

VueのSFCではSassなどのCSSプリプロセッサを利用することが多いでしょう。その場合、サイト全体で使用する変数（`_variables.scss`）やmixin（`_mixins.scss`）は、個々のVueコンポーネントからも参照できるようにしておく必要があります。そうでないと、変数などの利用時にエラーとなってしまうためです。

なお、個々のVueコンポーネントから参照する場合、次のように都度importすることでも参照することは可能ですが、非常に面倒です。

```
<style lang="scss">
@import "./styles/_variables.scss";
@import "./styles/_mixins.scss";

.component {
  color: $color-primary;
}
</style>
```

そこで、vue.config.jsの設定を次のようにすることで、すべてのVueファイルから変数やmixinを参照することができます。

```
module.exports = {
  css: {
    loaderOptions: {
      scss: {
        additionalData: `
          @import "./src/assets/_variables.scss";
          @import "./src/assets/_mixins.scss";
        `
      }
    }
  },
}
```

サイト全体の共通スタイル

サイト全体で共通で利用したいCSSファイルをメインファイルで読み込んでおくことで、すべてのVueコンポーネントにスタイルを適用できます。便利ではありますが、ここに手を入れるとすべてのページに影響が出ることになります。そのため、極力手を加える必要がないよう、最低限のスタイルを共通スタイルとしたほうが、後々管理しやすくなります。

デフォルトスタイル

ブラウザごとの差異を吸収する`_reset.scss`や、要素のデフォルトスタイルやタイポグラフィーなどを定義する`_base.scss`も共通スタイルにしておくと、個々のコンポーネントのスタイルをスピード感をもって記述できます。

ユーティリティクラス

本来であれば無いほうが美しいかもしれませんが、余白やカラーの調整用に、サイト全体で使えるユーティリティクラス（`_utility.scss`）を用意しておくことも1つの手です。ユーティリティクラスを使うことで、ほんの少しの調整のためにクラス名が複雑化したり、余白の調整のために構造が複雑になったりといったことが防げるというメリットもあります。

ただし、基本的にはコンポーネント固有のスタイルのほうがCSSの詳細度が高くなるため、次のような指定をしても、もしコンポーネント側にマージンのスタイルが書かれている場合、上書きすることはできません。そのため、ユーティリティクラスには`!important`をつけておく必要があります。

```
.u-mb0 {
  margin-bottom: 0;
}
```

```
<template>
  <div class="MyComponent u-mb0">...</div>
</template>

<style type="scss" scoped>
.MyComponent {
  margin: 10px; // こちらのスタイルが優先される
}
</style>
```

ページ／コンポーネント固有のスタイル

テンプレートやページのレイアウト、ページ固有の要素やUIコンポーネント固有のスタイルは、各々のVueコンポーネントのScoped CSSに記述していきます。

スコープがあることで、多少乱暴な記述であってもほかへの影響がなくなるため、追加や修正、削除を気兼ねなくおこなえます。これは、今までのCSS設計とは大きくことなる部分であり、CSS専門のスキルがなくても、恐れることなくスピード感をもって実装を進めていけます。

実際、KARTEのプロジェクトでも、バックエンドエンジニアがCSSを触るのはこの個々のVueファイルのみであり、サイト共通のCSSファイルのスタイルはいじることがありません。そのため、各々が自由にスタイルを調整することがあっても、サイト全体に問題が発生するケースは少ないです。

余白のコントロール

UIコンポーネントは、サイト上のあらゆる箇所で再利用される可能性があり、自分自身がどこでどう使われるかを知りません。そのため、UIコンポーネント自身に余白（margin）をつけてしまうと、意図しない使われ方をしたときに余白が邪魔となり、再利用しづらいコンポーネントとなってしまうため、UIコンポーネントには、余白を設けないようにします。

先述したように、Vueコンポーネントは、子のルート要素に親のスコープのスタイルも適用することができます。その性質を利用して、UIコンポーネントを利用する側（親）から子のコンポーネントの余白を設定します。

[components/BaseButton.vue]

```
<template>
  <button class="BaseButton" type="button">
    <slot />
  </button>
</template>

<style lang="scss" scoped>
.BaseButton {
  appearance: none;
  padding: 12px;
  background-color: gray;
  border: none;
  color: white;
}
</style>
```

[pages/Index.vue]

```
<template>
  <div class="ButtonGroup">
    <BaseButton class="ButtonGroup_Item">foo</BaseButton>
    <BaseButton class="ButtonGroup_Item">bar</BaseButton>
  </div>
</template>

<script>
import BaseButton from '../components/BaseButton';

export default {
  components: {
    BaseButton
  },
}
</script>

<style lang="scss" scoped>
.ButtonGroup {
  display: flex;
}
.ButtonGroup_Item {
  & + & {
    margin-left: 8px;
  }
}
</style>
```

このように固有のクラス名を付与する以外にも、余白調整用クラスを用いて余白の調整をすることも可能ですが、どちらにしても、UIコンポーネントそのものへ余白を設定さえしていなければ、外側からいかようにも調整が可能となります。

第5章

品質を高める

Webアプリケーションの品質を高めるうえで、フロントエンドのテストの重要性が高まってきています。ユーザーインターフェースの高度化やフロントエンドにおけるロジックの複雑化に伴い、Webアプリケーション全体におけるフロントエンドの役割が増えてきたためです。

本章ではおもに以下の内容について紹介します。

- 代表的なテスト手法の概要と適切な選定について
- Vue.jsで開発されたWebアプリケーションに各テスト手法を導入する方法について
- テストを作成・実施する際に知っておくと良いいくつかのTips

Vue.jsを用いて開発したWebアプリケーションの品質を高めるために、これらの内容をぜひ活用できるようにしましょう。

Vue.js 5-1 代表的なテスト手法と適切な選択

Webアプリケーションをテストする手法にはさまざまなものが存在しています。ここでは、それぞれの手法の概要と、目的に応じた適切なテスト手法を選定する際に知っておくといい考え方について紹介します。

テスト手法によって、以下の観点で違いがあります。

[テスト手法によって違いが生じるポイント]

観点	内容
テストの効率性	1つのテストケースで、どれだけアプリケーション全体としての品質を担保できるか
不具合検知の即時性	アプリケーションの開発中に、どれだけ早いタイミングで不具合を検知できるか
テストのコスト	テストの構築、実施、メンテナンスにどれだけ時間とリソースを使うか

テスト手法の分類方法にもさまざまなものが存在していますが、ここでは「Testing Trophy[注1]」というコンセプト中に取り上げられている以下の分類をベースに解説を進めます。

[Testing Trophyにおけるテストの分類]

分類	説明
静的解析	モジュールの振る舞いではなく、ソースコードの記述を検証するしくみ
単体テスト	あるモジュール単体の振る舞いを検証するテスト
結合テスト	複数のモジュールを結合した対象の振る舞いを検証するテスト
E2Eテスト	アプリケーション全体の振る舞いを、ユーザーと同等の環境で検証するテスト

なお、本章ではこれらのテスト手法をテストコードを記述することにより自動的に実施することを想定しています。テストを自動化することで、テストの実施コストを大幅に下げたり、再現性を高めることが可能です。

それでは、それぞれのテスト手法の概要について見ていきましょう。

静的解析

静的解析は、テスト対象のモジュールの振る舞いではなく、開発者が記述したソースコード自体を検

注1 https://kentcdodds.com/blog/write-tests/

証します。静的解析を実現するツールとしては、TypeScriptなどの静的型付け言語や、ESLintなどのLinterなどが挙げられます。

静的解析によって、以下のようなコーディングミスや、不具合・保守性低下につながるリスクを検知できます。

- プログラミング言語の文法上の誤り
- 意図しない変数の代入、引数の指定、関数の呼び出し
- 潜在的なバグの原因になりうるバッドパターン
- その他、品質を高めるためにチームで定めたコーディング規約の違反

重要なポイントは、開発者がこれらの問題に対して、実際にコードを実行する前の段階で気づけることです。Visual Studio CodeやWebStormなどのエディタと静的解析ツールを正しく連携することで、開発者はエディタ上でコーディングしながら問題に気づけます。

単体テスト

単体テストでは、テスト対象のモジュール単体の振る舞いを検証します。その際、テスト対象が依存するほかのモジュールをできるだけ切り離した状態でコードを実行します。そうすることで、以下を要素を満たしたテストが実施できます。

[テストで満たしたいおもな要素]

要素	説明
再現性（安定性）の高さ	テストを実施するタイミングや、ほかのテストの実行状況・順番によらず、結果が常に変わらない
独立性の高さ	テスト結果が、ほかのテスト対象ではないモジュールの修正の影響を受けにくい
実行時間の短さ	短時間でテストの実行が完了し、正常に動作するかどうかすぐに確認できる

上記の要素を満たすことで、テストを実行するために必要なコスト（時間や人的リソースなど）が小さくなります。そのため、開発者がコードの修正をするたびに、自分の開発端末上で高頻度にテストを実施することができます。

結合テスト

結合テストでは単体テストとは異なり、テスト対象のモジュールの振る舞いを、それらが依存するモジュールを結合した状態で検証します。

単体テストでは検証できなかった、アプリケーション全体としての振る舞いにより近いものを検証で

きるようになります。1つのテストケースでカバーできる範囲(カバレッジ)が広くなり、アプリケーション全体の品質をより効率的に担保できる手法だと言えます。

一方で、テストの再現性／独立性の高さ、実行時間の短さについては、単体テストと比較すると劣ります。テスト対象モジュールの振る舞いとは直接的に関係ない処理（ネットワークやデータベースなどへのアクセスを含む）が、テスト中に実行されてしまう可能性があるためです。

E2Eテスト

E2Eテストは、アプリケーション全体としての振る舞いを、ユーザーのアプリケーション利用環境と同等の環境で検証します。

テスト対象がWebアプリケーションの場合、テストコードがWebブラウザを操作することで、ユーザーと同等の環境でアプリケーションを操作します。テストコードが、ユーザーによる一連の画面操作（シナリオ）をシミュレートし、実際のユーザーが認知できる振る舞い（画面遷移や画面表示内容）を検証します。

テスト対象がアプリケーションそのものであること、ユーザーと同等の環境でテストをおこなうことから、アプリケーション全体の振る舞いそのものを検証できます。結合テストよりも、1つのテストケースでカバーできる範囲がさらに広くなり、より効率的に品質を担保できます。

一方で、テストの再現性／独立性の高さ、実行時間の短さについては、結合テストと比較してもさらに劣ってしまいます。E2Eテストはテスト対象のアプリケーションだけでなく、アプリケーションの利用環境（Webブラウザ、ネットワーク）や動作環境（インフラ、ミドルウェア）などが関連した状態で実行されるためです。

また、Webアプリケーションのユーザーインタフェースやデザインに修正を加えた際に、意図せずE2Eテストが失敗しやすいデメリットもあります。結果として、実装の変更に伴うテストのメンテナンスコストが大きくなってしまう傾向があります。

テスト手法の選定のポイント

目的を強く意識する

技術的に実現できるからと言って、闇雲にテストを自動的に実行するしくみを構築するのはおすすめできません。テストのしくみの構築や実行、アプリケーションに修正を加えるたびに必要なテストのメンテナンスには、開発者の時間やリソースを継続的に使います。本来、開発者の時間やリソースは、アプリケーションの本質的に価値を高めることにできるだけたくさん使いたいはずです。

以下のような観点を強く意識し、達成したい目的に応じた適切なテスト手法を採用するようにしましょう。

- アプリケーションが抱える品質面のリスクはなにか

- それらのうち、テストによってケアするべきリスクはどれか、それはなぜか

たとえば、以下のようなモジュールに関しては、テストの自動化をあえておこなわないことも考えられます。手動テストを最初の一度だけ実施すれば事足りることがあるからです。

- 設計上、ほかのモジュールの修正の影響を極端に受けづらい
- 今後継続的に修正を加えていく予定がない
- プロトタイピングのための機能で検証後に削除する可能性が高い

テストの実施や自動化は目的ではなく、あくまでも品質を高めるための1つの手段です。手段が目的化しないように気をつけながら、目的達成のための適切なテスト手法を選定できるようにしましょう。

コストパフォーマンスが良い手法を選ぶ

達成したい1つの目的に対して、複数のテスト手法が選択肢に上がるケースがあります。そのような場合は、できるだけコストパフォーマンスが良いテスト手法を選択しましょう。

その際には、Test PyramidやTesting Trophyといった、テストのコストパフォーマンスに基づいたテスト手法選定に関するガイドライン、コンセプトが参考になります。

- Test Pyramid：https://martinfowler.com/articles/practical-test-pyramid.html
- Testing Trophy：https://kentcdodds.com/blog/write-tests

「Test Pyramid」は、テストの粒度に着目してテスト手法を分類し、それぞれのコストパフォーマンスを考慮したうえで、最適なテスト手法を選択することを推奨しています。ここまで紹介したテスト手法を粒度の小さい順に並べると以下のようになります。

- 粒度小：単体テスト
- 粒度中：結合テスト
- 粒度大：E2Eテスト

一般的に粒度が小さいテストはすばやく実行でき、メンテナンスのコストも小さくなります。一方で、1つのテストケースのテスト対象がアプリケーション全体のごく一部でしかないので、アプリケーションそのものの振る舞いの検証には直接的につながらないというデメリットがあります。

一方、粒度が大きいテストはアプリケーションそのものに近い振る舞いを検証できます。一方で、実行時間が長くなったり、メンテナンスコストが大きくなりやすいデメリットもあります。そのため粒度の大きなテストを増やしすぎると、意図せず開発生産性を低下させてしまう可能性があります。

Test Pyramidでは、これらをふまえ、以下の方針でテスト設計することを推奨しています。

- コストパフォーマンスが良い単体テストでなるべくリスクをケアしていく
- 単体テストでケアできないリスクをカバーするために、結合テストを書く
- そのうえで、ケアできない残ったリスクをカバーするためにE2Eテストを書く

結果として、テストの量が「単体テスト＞結合テスト＞E2Eテスト」となっているのが、コストパフォーマンスのバランスがとれた理想的な状態だとしています。一方で、テストの量が「E2Eテスト＞結合テスト＞単体テスト」と逆の関係になってしまっている場合、これをアンチパターンだとしています。

もう1つのコンセプトである「Testing Trophy」は、「Test Pyramid」の考え方に、近年の以下のような環境変化の状況を反映させたものです。

- Webアプリケーションのフロントエンドに関連するテストツールの充実
- 結合テストなどの粒度が大きめのテスト実行時間の短縮化・効率アップ

Test Pyramidの基本的な考え方は継承しつつも、以下のような差分があります。

- コーディングミスや不具合の原因となる潜在的な問題を、コード実行前にローコストで検知できる静的解析を積極的に活用する
- アプリケーション全体の振る舞いにより近い挙動を効率的に検証するために、単体テストよりも結合テストをたくさん書く

結果として、テストの量が「結合テスト＞静的解析＞単体テスト＞E2Eテスト」となっている状態が、コストパフォーマンスのバランスが取れた理想状態だとしています。

アプリケーションの品質を高める目的を達成するために利用できるテスト手法やその組み合わせは無限にあります。本節で紹介したTest PyramidやTesting Trophyといったガイドラインも参考にしながら、採用するテスト手法を適切に選定していきましょう。

Vue.js 5-2 静的解析を導入する

Vue.jsアプリケーションに静的解析を導入する方法について紹介します。ここでは、静的型付け言語であるTypeScriptと、メジャーなLinterであるESLintを利用するアプローチについて取り上げます。

なお、本章ではVue CLIを利用して、各テスト手法をかんたんに利用できる状態にする方法を紹介

しています。一方で、より効率的に品質を高めるために、アプリケーションの性質や仕様に合わせて、各種設定を細かくチューニングする必要もでてくるでしょう。各ツールの公式ドキュメントを参照し、自分たちのアプリケーションに最適な設定を検討してください。

TypeScriptを利用する

TypeScriptは、JavaScriptを静的型付けが扱えるように拡張した言語です。TypeScriptを利用することで、Webアプリケーションのフロントエンド開発に型システムの恩恵を取り入れることができます。これにより、開発者のイージーミスに起因する不具合が発生することを、未然に防ぐことができます。

TypeScriptの詳細については本章では割愛します。Web上で公開されている公式ドキュメントや書籍などを参照してください。

Vue CLIによる導入

Vue CLIを使うことで、TypeScriptを利用するようあらかじめ設定されたプロジェクトをかんたんに生成できます。コマンドラインでvueコマンドを実行し、プロジェクトを新規作成します。

```
$ vue create your-project-name
```

Manually select featuresを選択します。

```
Vue CLI v4.5.6
? Please pick a preset:
    Default ([Vue 2] babel, eslint)
  Default (Vue 3 Preview) ([Vue 3] babel, eslint)
> Manually select features
```

TypeScriptにチェックを入れます。

```
Vue CLI v4.5.6
? Please pick a preset: Manually select features
? Check the features needed for your project:
 (略)
>◉ TypeScript
 (略)
```

これによりプロジェクトが新規作成されます。

生成された設定コードの確認

package.jsonの中には、以下のような`scripts`が定義されています。

```
"scripts": {
  "build": "vue-cli-service build"
},
```

そのため、コマンドラインで`npm run build`コマンドを実行することでTypeScriptによるソースコードのビルドを実行できます。

自動生成されたプロジェクトに最初から存在しているVueコンポーネント（`src/components/HelloWorld.vue`）を確認してみましょう。`script`要素の`lang`属性に`ts`が設定されています。これにより、VueコンポーネントのロジックをJavaScriptではなくTypeScriptを使って実装できる状態になっています。

```
<script lang="ts">
// （略）
</script>
```

Vueコンポーネントのロジック内でTypeScriptの型推論を有効化するには、以下のように`defineComponent`関数を使ってコンポーネントを宣言する必要があります。

```
import { defineComponent } from 'vue';
export default defineComponent({
  name: 'HelloWorld',
  data() {
    return {
      count: 0
    }
  },
  mounted() {
    const result = this.count.split('') // Property 'split' does not exist on type 'number'.
  }
});
```

たとえば、コンポーネントに上記のようなロジックを実装した場合、TypeScriptによってcountプロパティの型が`number`であると推論されます。`mounted()`関数内で`number`型には存在しない`split`関数を呼び出しているため、TypeScriptエラーが発生します。

ESLintを利用する

ESLintはプラグインで拡張可能なJavaScriptのLinterです。不具合やコードのメンテナンス性低下の要因となりうるの潜在的な問題を検出し、必要であればそれらを自動的に修正できます（解決方法が自明のものに限る）。

ESLintには、eslint-plugin-vueというプラグインが存在します。このプラグインを利用することで、単一ファイルコンポーネントを含めたVueコンポーネントソースコードの静的解析がおこなえるようになります。

Vue CLIによる導入

Vue CLIを使うことで、ESLintを利用するようにあらかじめ設定されたプロジェクトをかんたんに生成できます。`vue`コマンドを実行し、プロジェクトを新規作成します。

```
$ vue create your-project-name
```

`Manually select features`を選択します。

```
(略)
> Manually select features
```

`Linter / Formatter`にチェックを入れます。

```
Vue CLI v4.5.6
? Please pick a preset: Manually select features
? Check the features needed for your project:
 (略)
>◉ Linter / Formatter
 (略)
```

ESLintの初期設定方法を選択します。ここではエラー抑制のためのルールだけが有効化された`ESLint with error prevention only`を選択します。

```
? Pick a linter / formatter config:
> ESLint with error prevention only
  ESLint + Airbnb config
  ESLint + Standard config
  ESLint + Prettier
```

これにより、プロジェクトが新規作成されます。

生成された設定の確認

package.jsonの中には、以下のようなscriptsが定義されています。

```
"scripts": {
  "lint": "vue-cli-service lint"
},
```

そのため、コマンドラインでnpm run lintコマンドを実行することで、ESlintによる静的解析が実行できます。

生成されたESLintの設定ファイル.esrintrcの中身を確認してみましょう。

```
  'extends': [
    'plugin:vue/vue3-essential',
    'eslint:recommended',
    '@vue/typescript/recommended'
  ],
```

あらかじめ以下の3種類のルールが設定されています。エラーや不具合の発生を抑制するためのさまざまなルールが有効になっています。

- plugin:vue/vue3-essential（Vue 3で不具合を抑制するための必須ルール）
- eslint:recommended
- @vue/typescript/recommended（TypeScriptを導入した場合のみ）

ルールの詳細はここでは取り上げません。これらルールの詳細について知りたい場合や、不具合抑制だけでなくコードの可読性も考慮したルールを追加したい場合は、以下の公式ドキュメントを参照してください。上述の設定に任意のルールを追加できます。

- Available rules | eslint-plugin-vue：https://eslint.vuejs.org/rules/

ESLintによるエラーを発生させる例として、以下のようなコンポーネントを実装してみます。

```
<template>
  <div v-for="entity in array">{{entity.value}}</div>
  <!-- ここで以下のESLintエラーが発生する -->
  <!-- Elements in iteration expect to have 'v-bind:key' directives -->
</template>

<script lang="ts">
import { defineComponent } from 'vue';
export default defineComponent({
  name: 'HelloWorld',
  data() {
    return {
      array: [
        {_id: 1, value: 'a'},
        {_id: 2, value: 'b'},
        {_id: 3, value: 'c'},
      ]
    }
  },
});
</script>
```

上記のコンポーネントでは、`template`内で`:key`属性を指定しない形で`v-for`属性によるくり返しを記述しています。このような記述は、リストをレンダリングする際に意図しない振る舞いの原因になるので、「`:key`属性を指定しましょう」という旨のESLintエラーが発生します。

5-3 単体テストを実施する

Vue.jsアプリケーションに単体テストを導入する方法について紹介します。

Vue.jsアプリケーションで単体テストを実施するために、Vue Test Utilsというライブラリが提供されています。本節では、Vue Test Utilsを利用してVueコンポーネント単体の振る舞いを検証する方法について解説します。

Vue CLIによる導入

Vue CLIを利用することで、あらかじめ単体テストのしくみが導入されたプロジェクトをかんたんに新規作成できます。`vue`コマンドを実行してプロジェクトを新規作成します。

```
$ vue create your-project-name
```

Manually select featuresを選択します。

```
> Manually select features
```

Unit Testngにチェックを入れます。

```
Vue CLI v4.5.6
? Please pick a preset: Manually select features
? Check the features needed for your project:
 (略)
>◉ Unit Testing
 (略)
```

次に、テストツールとしてJestを選択します。

```
? Pick a Unit Testing solution:
  Mocha + Chai
> Jest
```

上記の手順により、テストツールとしてJestやVue Test Utilsがあらかじめ設定されたプロジェクトを作成できます。

- Jest：https://jestjs.io/
- Vue Test Utils：https://vue-test-utils.vuejs.org/

生成されたコードの確認

生成されたプロジェクトに含まれるテストコード（tests/unit/exapmle.spec.js）を確認してみましょう。テストコードは以下のような内容になっています。

```
import { shallowMount } from '@vue/test-utils'
import HelloWorld from '@/components/HelloWorld.vue'
describe('HelloWorld.vue', () => {
  it('renders props.msg when passed', () => {
    const msg = 'new message'
                                                         ↘
```

```
    const wrapper = shallowMount(HelloWorld, {
      props: { msg }
    })
    expect(wrapper.text()).toMatch(msg)
  })
})
```

なお、テスト対象コンポーネントのソースコード（`src/components/HelloWorld.vue`）は以下のような内容になっています。

```
<template>
  <div class="hello">
    <h1>{{ msg }}</h1>
  </div>
</template>

<script>
export default {
  name: 'HelloWorld',
  props: {
    msg: String
  }
}
</script>
```

では、テストコードの構造を読み解いていきましょう。

```
describe('HelloWorld.vue', () => {
```

`describe`関数を使って、このコードが`HelloWorld.vue`というVueコンポーネントをテストすることを宣言しています。

`describe`関数の第一引数には、任意の文字列が指定可能です。ただし、テストコードやテスト結果の可読性を考慮して、「テスト対象が何であるか」について明示的に記載するようにしましょう。

```
it('renders props.msg when passed', () => {
```

`it`関数を使ってテストケースを定義しています。

引数として任意の文字列を指定可能ですが、テスト対象に対して「どういう振る舞いを期待するのか」を記載するようにしましょう。ここまでのテストコードの記述から以下の内容が読み取れます。

- テスト対象はHelloWorldコンポーネントである
- 振る舞いとして「propsとして受け取ったmsgの値をレンダリングする」ことが期待されている

```
const wrapper = shallowMount(HelloWorld, {
  props: { msg }
})
```

次に、@vue/test-utilsからimportしたshallowMount関数を呼び出し、HelloWorldコンポーネントをレンダリングしています。またその際に、propsとしてコンポーネントにmsgの値を渡しています。

Vue Test Utilでは、テスト対象のコンポーネントをマウントする関数として、以下の2種類の関数を提供しています。

- shallowMount関数
- mount関数

shallowMount関数を利用することで、テスト対象コンポーネントが参照している子コンポーネントをスタブした状態で、テスト対象コンポーネントをレンダリングできます。スタブとは、テスト対象が参照しているコンポーネントを、テスト用のダミーコンポーネント（基本的には実行されても動作しない）に置き換えることです。

子コンポーネントはvuecomponent-stubスタブコンポーネントとしてレンダリングされます。これにより、ほかのコンポーネントとは独立した状態でテスト対象コンポーネント単体の振る舞いを検証できます。スタブコンポーネントとは、スタブに利用されるダミーコンポーネントのことです。

一方、mount関数は、すべての子コンポーネントを再帰的にレンダリングします。

単体テストを実施する際にはshallowMount関数を、後述の結合テストを実施する際はmount関数を利用するようにしましょう。

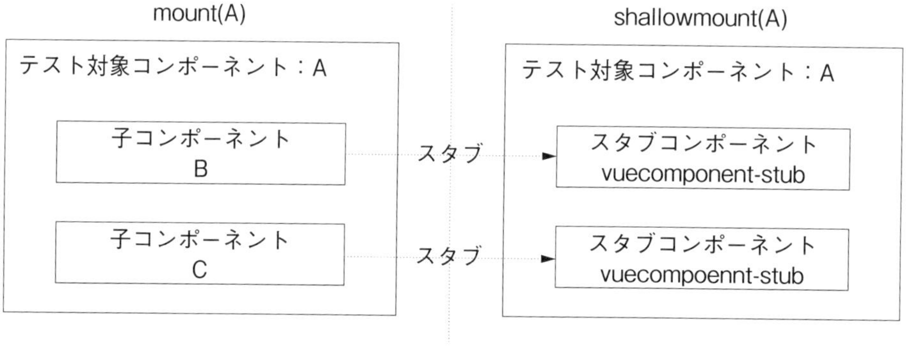

```
expect(wrapper.text()).toMatch(msg)
```

最後に、Vueコンポーネントの振る舞いを、Jestが提供している`expect`関数と`toMatch` Matherを使って検証しています。ここでおこなわれていることを整理すると以下のようになります。

- コンポーネントがレンダリングされた結果の文字列を`wrapper.text()`を利用して出力
- Vueコンポーネントレンダリング時に`props`として渡した文字列がレンダリング結果に含まれているか判断

Jestは、出力された値が期待どおりか検証するMatherと呼ばれる関数を多数提供しています。ここでは詳細については取り上げません。くわしくは以下の公式ドキュメントを参照してください。

- Using Matchers | Jest：https://jestjs.io/docs/ja/using-matchers

それではテストコードを実行してみましょう。`package.json`の中には、以下のような`scripts`が定義されています。

```
"scripts": {
   "test:unit": "vue-cli-service test:unit",
 },
```

そのため、コマンドラインで`npm run test:unit`と実行することで、テストコードを実行できます。正常終了した場合のテストの実行結果を以下に示します。

```
> unit-test@0.1.0 test:unit /Users/kadoppe/temp/unit-test
> vue-cli-service test:unit

 PASS  tests/unit/example.spec.js
  HelloWorld.vue
    ✓ renders props.msg when passed (26ms)
```

テストの実行結果は以下のようなツリー構造で表示されます。

- テストコードのファイルパス（PASS tests/unit/example.spec.js）
  - `describe`関数（HelloWorld.vue）
    - `it`関数で作成されたテストケース（✓ renders props.msg when passed（26ms））

次に、テストをわざと失敗させてみましょう。Vueコンポーネントを以下のように修正して再度テストを実行してみます。

```
<template>
   <div class="hello">
     <h1>テストを失敗させます</h1><!--変数msgを埋め込むのではなく固定の文言を表示するように修正-->
   </div>
 </template>
```

実行結果は以下のようになります。

```
FAIL  tests/unit/example.spec.js
  HelloWorld.vue
    × renders props.msg when passed (16ms)
  ● HelloWorld.vue   renders props.msg when passed

    expect(received).toMatch(expected)

    Expected substring: "new message"
    Received string:    "テストを失敗させます"

       8 |         props: { msg }
       9 |       })
    > 10 |       expect(wrapper.text()).toMatch(msg)
         |                              ^
      11 |     })
      12 | })

      at Object.<anonymous> (tests/unit/example.spec.js:10:28)
```

意図したとおりにテストが失敗しました。テスト結果から、期待される**new message**ではなく、**テストを失敗させます**という文字列をVueコンポーネントがレンダリングしたため、テストが失敗したことがひと目でわかります。

ミニマムガイド

ここでは、Vueコンポーネントの単体テストを実施するにあたって、最低限知っておきたいJestとVue Test Utilsの使い方について紹介します。ここで紹介する内容は、単体テストに限らず、結合テストなどのほかのテスト手法にもそのまま利用できます。

テスト対象へのインプットとアウトプット

単体テストに限らず、あらゆるテストコードを実装するにあたって、以下の2点を最低限理解する必要があります。

- テスト対象にインプットを渡す方法
- テスト対象のアウトプットを検証する方法

本章ではここまで、「テスト対象の振る舞いを検証する」という表現をくり返し使ってきました。ここで、「振る舞い」という言葉について少し考えてみましょう。

テスト対象の「振る舞い」とは、「テスト対象へのインプット」とそれに対して「期待されるアウトプット」の組み合わせのことです。たとえば、テスト対象が単純な関数の場合、関数の振る舞い（インプットとアウトプットの組み合わせ）は以下のようになります。

- インプット：関数に渡される引数
- アウトプット：渡された引数を処理した関数の戻り値

テスト対象の振る舞いを検証することは、すなわち「テスト対象がインプットに対して期待するアウトプットを正しく出力すること」を検証することです。たとえば関数がテスト対象である場合、「引数として受け取ったインプットに対して、期待される値を戻り値として返却すること」を検証することが、関数の振る舞いを検証することになります。

テスト対象がVueコンポーネントである場合も同様です。インプットとアウトプットが何であるかを理解し、それらを適切に扱う方法を知っておく必要があります。

Vueコンポーネントに対して与えることができるインプットとしては、以下のようなものがあります。

- コンポーネントが受け取る`props`の値
- ユーザーインタラクション（クリックや文字入力などの一連の操作）
- コンポーネント内部でイベント発火時に実行されるイベントハンドラ

一方で、これらのインプットに対して期待されるアウトプットとしては以下のようなものがあります。

- レンダリング内容や、その変化
- `this.$emit`によるイベント発火
- 依存するほかのモジュールの関数呼び出し

開発しているVueコンポーネントの仕様によっては、ほかにもインプットやアウトプットの種類が存在します。とはいえ、まずはこれらの基本的なインプット・アウトプットをテストコードから扱う方法を理解することが先決です。それができれば、Vue.jsやテストライブラリのドキュメントを参照しながら、目的に応じたさまざまなテストコードを実装できるようになるでしょう。

サンプルコードで理解する

それでは、かんたんなサンプルコードを使って、Vueコンポーネントの振る舞いを検証する方法を確認していきましょう。Vueコンポーネントのサンプルコードを以下に示します。

```
<template>
  <div>
    <div class="counter">クリックされた回数: {{ count }}</div>
    <button @click="increment">Click</button>
  </div>
</template>

<script>
import sampleStore from '@/store/SampleStore'
import { defineComponent } from 'vue';

export default defineComponent({
  name: 'SampleComponent',
  props: {
    initialCount: Number
  },
  data() {
    return {
      count: this.initialCount || 0
    }
  },
  methods: {
    increment() {
      this.count++
      this.$emit('onIncrement', this.count)
      sampleStore.someHeavyLogic()
    }
  }
})
</script>
```

このコンポーネントの仕様（＝振る舞い）を列挙すると以下のようになります。

- ボタンをクリックするたびに、現在までのクリック回数を更新して表示する
- クリック回数の初期値をpropsで指定できる
- ボタンがクリックされた際に、onIncrementイベントが発火する
- ボタンがクリックされた際に、依存するモジュールに実装された「何らかの重たい関数someHeavyLogic」を呼び出す

それでは、このVueコンポーネントの振る舞いを1つずつ検証していきましょう。

まずは、「**propsで渡された値が初期値としてカウンターに表示されること**」を検証するテストコードを書いてみます。

```
it('props で渡された値が初期値としてカウンターに表示されること', () => {
  const initialCount = 5
  const wrapper = shallowMount(SampleComponent, {
    props: { initialCount }
  })
  expect(wrapper.find('.counter').text()).toMatch(initialCount.toString())
})
```

このテストケースで扱っているインプットとアウトプットは以下のようになります。

- インプット：propsによるパラメータの受け渡し
- アウトプット：クリック回数としてレンダリングされる内容

ここで理解しておきたいポイントは以下です。

- `shallowMount`関数の第二引数を利用して、テスト対象コンポーネントに`props`経由で初期値を渡している
- `wrapper.find()` 関数を利用して、レンダリング結果のDOMツリーから`.counter`セレクタにマッチする要素を検索している

では次に、「propsに初期値を渡さなかった場合、デフォルトの初期値として0がカウンターに表示されること」を検証するテストコードを書いてみます。

```
it('propsに初期値を渡さなかった場合、デフォルトの初期値として0がカウンターに表示されること', () => {
  const wrapper = shallowMount(SampleComponent)
  expect(wrapper.find('.counter').text()).toMatch('0')
})
```

こちらは非常にシンプルです。1つ前のテストケースと同じ要領でテストケースを実装できますね。

次に、「ボタンをクリックするとカウンターに表示されている数値が1増加すること」を検証するテストコードを書いてみます。

```
it('ボタンをクリックするとカウンターに表示されている数値が1増加すること', async () => {
  const wrapper = shallowMount(SampleComponent)

  expect(wrapper.find('.counter').text()).toMatch('0')

  wrapper.find('button').trigger('click')
  await wrapper.vm.$nextTick()

  expect(wrapper.find('.counter').text()).toMatch('1')
})
```

このテストケースで扱っているインプットとアウトプットは以下です。

- インプット：ボタンクリック（ユーザーインタラクション）
- アウトプット：クリック回数としてレンダリングされる内容（初期値とクリック後の値の両方）

コンポーネントに対するインプットとして、新しくユーザーインタラクションが登場しました。ここで理解しておきたいポイントは以下です。

- wrapper.find()関数を利用して、レンダリング結果からbutton要素を検索している
- 発見したbutton要素に対してtrigger()関数を呼び出し、clickイベントを発生させている
- クリックにより発生する処理の結果に伴いレンダリング内容が変更するのを待つため、await wrapper.vm.$nextTick()関数を呼び出している

ここまでで、テスト対象コンポーネントの基本的な振る舞いを検証できました。

では次に、「**ボタンをクリックするとonIncrementイベントが1回発生すること**」を検証するテストコードを書いてみます。

```
it('ボタンをクリックするとonIncrementイベントが1回発生すること', () => {
  const wrapper = shallowMount(SampleComponent)

  wrapper.find('button').trigger('click')

  expect(wrapper.emitted('onIncrement')).toBeTruthy()
  expect(wrapper.emitted('onIncrement').length).toBe(1)
})
```

このテストケースで扱っているインプット・アウトプットは以下です。

- インプット：ボタンクリック
- アウトプット：コンポーネントが発生させるイベントの種類と発生回数

コンポーネントの新しいアウトプットとしてイベントが登場しました。ここで理解しておきたいポイントは以下です。

- wrapper.emitted()関数を利用して、テスト対象がレンダリングされてから現在までに発生したonIncrementイベントの情報を取得している
- toBeTruthy() Matherを利用して、取得したイベント情報がundefinedではないこと（＝一度は

onIncrementイベントが発生したこと）を検証している
- さらに、イベント情報のlengthプロパティの値を確認し、イベントがただ1回だけ発生していることを確認している

では、最後に「ボタンとクリックすると何らかの重たい処理が1度実行されること」を検証するテストケースを書いてみます。

```
import sampleStore from '@/store/SampleStore'
jest.mock('@/store/SampleStore')

describe('SampleComponent.vue', () => {
  beforeEach(() => {
    jest.resetAllMocks()
  })

  // 略

  it('ボタンとクリックすると「何らかの重たい処理」が1度実行されること', () => {
    const wrapper = shallowMount(SampleComponent)

    wrapper.find('button').trigger('click')

    expect(sampleStore.someHeavyLogic).toHaveBeenCalledTimes(1)
  })
})
```

このテストケースは、Jestの自動モックのしくみを用いて、テスト対象が依存するほかのモジュールをモックオブジェクトに置き換えたうえで振る舞いを検証しています。テスト対象のコンポーネント単体の振る舞いを検証するために、このようなコードになっています。

なお、モックとは、スタブと同様にテスト対象コンポーネントが依存するコンポーネントやテスト用のダミーコンポーネントに置き換えることです。モックオブジェクトはスタブとは異なり、テストコードが実行されている間に自身がどのように呼び出されたかを記録しています。記録した呼び出し回数や呼び出され方（渡された引数の値など）を調べることでテスト対象の振る舞いを検証します。

自動モックの詳細は、以下のドキュメントを参照してください

- https://jestjs.io/docs/ja/es6-class-mocks

このテストケースで扱っているインプットとアウトプットは以下です。

- インプット：ボタンクリック
- アウトプット：テスト対象が依存するモジュールに実装された特定関数の呼び出し回数

ここで理解しておくべきポイントは以下です。

- 自動モック関連
  (1) 呼び出し回数を検証したい関数が定義されたモジュール（@/store/SampleStore）をimportします。
  (2) jest.mock関数に上記モジュールのパスを引数として指定する形で呼び出します。これによりテスト対象コンポーネント内で参照しているsampleStoreモジュールが、モックオブジェクトに置き換わります。
  (3) beforeEach関数内でjest.resetAllMocks関数を呼び出し、関数呼び出し回数のカウントをテストケース実行ごとにリセットしています。
- toHaveBeenCalledTimes Matherを使って、sampleStore.someHeavyLogic関数の呼び出し回数が1回であることを検証しています。

これで、テスト対象コンポーネントの振る舞いを検証するすべてのテストケースを実装できました。

ここで紹介した、インプット／アウトプットの扱い方や自動モックの方法について理解すれば、さまざまなVueコンポーネントのテストコードを実装できるようになります。公式ドキュメントを参照して足りない知識を補完しながら、ご自身が実装したVueコンポーネントの単体テストをぜひ実装してみましょう。

「実装」ではなく「振る舞い」のテストをしよう

ここまで、テスト対象の「振る舞い」を検証する方法について紹介してきました。では、逆に振る舞いの検証をしていないテストとはどういったものでしょうか。

「振る舞いを検証するテスト」とよく対比して挙げられるのが「実装の検証をするテスト」です。以下にそれぞれのテストケースのサンプルコードを示します。

```
import { shallowMount } from '@vue/test-utils'

describe('SampleComponent.vue', () => {
  it('振る舞いを検証しているテストケース', () => {
    const wrapper = shallowMount(SampleComponent)
    wrapper.find('button').trigger('click')
    expect(wrapper.find('.counter').text()).toMatch('1')
  })

  it('実装を検証しているテストケース', () => {
    const wrapper = shallowMount(SampleComponent)
    wrapper.vm.increment()
    expect(wrapper.vm.count).toBe(1)
  })
})
```

振る舞いを検証しているテストケースでは、以下のインプットとアウトプットを扱っています。

- インプット：ボタンクリック操作
- アウトプット：コンポーネントのレンダリング結果に含まれるクリック回数

どちらも、Vueコンポーネントのユーザーから見た振る舞いに直感的にひもづくインプットとアウトプットになっています。

一方、実装を検証しているテストケースでは、以下のインプットとアウトプットを扱っています。

- インプット：コンポーネントに実装されたincrement関数の実行
- アウトプット：コンポーネントがデータとして保持しているcount変数の値に格納されたクリック回数

どちらも、Vueコンポーネントを利用するユーザーから見た振る舞いとは直感的にひもづかないものです。どちらかというと、コンポーネントの内部実装に強く依存・ひもづいたインプットとアウトプットになっています。

実装を検証するテストにはさまざまなデメリットがあります。

たとえば、Vueコンポーネントの実装をリファクタリングをする状況を考えます。「Vueコンポーネントに実装されているcount変数やincrement関数の名前の変更をする」といったかんたんなリファクタリングをおこなった後、テストを実行するとどうなるでしょうか。ユーザーから見たVueコンポーネントの振る舞いはまったく変わっていないのにもかかわらず、テストが失敗してしまいます。

```
it('実装を検証しているテストケース', () => {
  const wrapper = shallowMount(SampleComponent)
  wrapper.vm.increment() // increment 関数の名前が変更されるとエラー
  expect(wrapper.vm.count).toBe(1) // propsのcount変数の名前が変更されるとエラー
})
```

このように、実装に強く依存したテストコードを実装してしまうことで、リファクタリングような振る舞いの変更を伴わない修正に関してもテストコードを毎回変更しないといけなくなります。

結果として、開発チームや開発プロセスに以下のような悪影響を与えてしまう可能性があります。

- Vueコンポーネントの修正（振る舞いやリファクタリングなど）に必要な工数が増加する
- Vueコンポーネントの可読性・保守性向上のためのリファクタリングをおこなうモチベーションを阻害する

こういった事態を避けるために、テストコードでは以下のようなインプット・アウトプットを扱うようにしましょう。

- ユーザーが実際におこなう操作と同等のインプット
- ユーザーが体感するコンポーネントの振る舞いに近いアウトプット

これが、実装ではなく振る舞いの検証をおこなうことにつながります。これは単体テストだけでなく、後述する結合テストやE2Eテストなどでも同様です。非常に重要なポイントなので、常に意識してテストコードを実装するようにしましょう。

Vue.js 5-4 結合テストを実施する

本節ではVue.jsアプリケーションの結合テストを実施するにあたって必要な考え方と方法について紹介します。

単体テストと結合テストの違い

結合テストの実施にあたって、ここまで紹介した単体テストに関する知識やしくみの大半が流用できます。というのも、単体テストと結合テストの境界はあいまいで、テストコードの実装方法やしくみについては大きな差分がないからです。テスト実行時に、テスト対象モジュールと「何を結合するのか」「何をスタブ／モックするのか」についてがおもな差分になります。

テスト対象が依存するほかのコンポーネントやモジュールをモックせず、結合した状態の振る舞いを検証しているテストは結合テストに分類できます。

JestとVue Test Utilsを使って実装した単体テストの場合、テストコードに以下のような変更を加えることで、テストケースを結合テストに近づけることができます。

- `shallowMount`関数ではなく、`mount`関数を使ってコンポーネントをレンダリングする
- Jestが提供しているモック関連機能を使わない

結合テストだからといって、すべての依存コンポーネントやモジュールを結合するべきかというと、そうではありません。テストケースで検証したい振る舞いによっては、特定の子コンポーネントのみスタブして、それ以外のコンポーネントは結合したいという状況もあります。

こういったケースでは、`mount`関数の`stubs`オプションを指定することで、特定の子コンポーネント

のみスタブコンポーネントに置き換えることが可能です。以下のサンプルコードでは、テスト対象コンポーネントが内部で参照しているsome-child-componentという子コンポーネントだけをスタブに置き換えてレンダリングしています。

```
mount(Component, {
  stubs: {
    'some-child-component': true
  }
})
```

Vue Testing Library

テストに関する設計や方針をチーム全体で統一させるために、開発者に対して以下のような行動を促したいことがあります。

- 粒度の小さい単体テストではなく、できるだけ粒度の大きい結合テストで品質を担保する
- テスト対象の実装ではなく、振る舞いを検証するテストを書く

ここでは、こういう場合に利用可能なVue Testing Library[注2]というテストツールについて紹介します。

Vue Testing Libraryは、DOM Testing Libraryというライブラリの上に構築されたライブラリです。以下を実現するAPIを提供しています。

- テスト対象となるVueコンポーネントのレンダリング
- コンポーネントに対するユーザーインタラクションの実現
- レンダリング結果の検証

提供されているAPIはいずれも、Vue Test Utilsが提供しているAPIと類似しています。実際、Vue Testing Utilsが提供しているAPIの多くは、Vue Test Utilsが提供しているAPIをラップしたものです。

Vue Test Utilsが提供するAPIは自由度が高く、さまざまな方法でテストコードからテスト対象のVueコンポーネントを操作できます。この自由度の高さに起因して、開発者が意図せず振る舞いではなく実装の検証をおこなうテストコードを実装してしまうことがあります。実装の検証をおこなうテストコードのデメリットについては前述したとおりです。

Vue Testing LibraryのAPIは、Vue Test UtilsのAPIの持つ自由度を下げ、開発者があるべきテストコードを実装するための制約をもたらしてくれます（利用できる機能を追加するのではなく、制約を

注2　https://testing-library.com/docs/vue-testing-library/intro/

設けるためのライブラリ)。

Vue Testing Libraryを用いて実装されたテストコードのサンプルを見てみましょう。

```
import { render, screen, fireEvent } from '@testing-library/vue'
import SampleComponent from '@/components/SampleComponent.vue'

describe('SampleComponent.vue', async () => {
  it('', () => {
    render(SampleComponent)

    expect(screen.queryByText('クリック回数: 0')).toBeTruthy()

    const button = screen.getByText('increment')
    await fireEvent.click(button)

    expect(screen.queryByText('クリック回数: 1')).toBeTruthy()
  })
})
```

ここで理解しておくべきポイントは以下です。

- renderの関数によりSampleComponentをレンダリングしています。Vue Test Utilsにおけるshallow Mount/mountのような区別は存在せず、すべての子コンポーネントがスタブされずに結合した状態でレンダリングされます。
- screen変数に定義された各種クエリ用関数を使って、画面上にレンダリングされた各種要素を取得しています。Vue Test Utilsでは可能だったVueコンポーネントの各種プロパティを直接参照できないようになっています。
- fireEvent.click関数を使って、取得したボタン要素をクリックしています。Vue Test Utilsでは可能だったVueコンポーネントに定義された各種関数を直接呼び出すことができないようになっています。

このように、実際のユーザーがVueコンポーネントを操作するのと近い方法でテスト対象のインプットとアウトプットを扱う方法が提供されています。また、デフォルトではテスト対象コンポーネントが依存する子コンポーネントを結合した（＝スタブしない）形で、テスト対象をレンダリングできるようになっています。

結果として、単体テストよりも多くの結合テストが実装されることや、実装ではなく振る舞いのテストを作成することを開発者に対して自然と促せます。

こういったしくみであるべき形を強制することによって、テストの書き方・実装方法に関するコードレビューや議論に開発者の時間を使いすぎるのを予防できます。そのぶん、アプリケーションの価値を高めるための活動にチームやメンバーが時間を使いやすくなります。

チームの文化やメンバーと相談しつつ、テストコードの実装に利用するライブラリの選択肢の1つとして検討してみるとよいでしょう。

5-5 End-to-End Test（E2Eテスト）

Vue.jsアプリケーションにE2Eテストを導入する方法について解説します。本節では、Cypressを使った例を紹介します。

Cypressは、Webブラウザを操作することで実施するE2Eテストを実装するためのツールです。E2Eテストに必要な豊富な機能（テスト結果を視覚的に確認するためのUIや、DOMのスナップショット保存機能など）を幅広く含んだAll-in-oneのテストツールになっています。

Cypressの詳細についてはここでは触れません。詳細については以下の公式ドキュメントを参照してください。

- Cypress：https://cypress.io/

Vue CLIによる導入

Vue CLIを利用することで、あらかじめCypressを使ったE2Eテストのしくみが導入されたプロジェクトかんたんに生成できます。vueコマンドを実行し、プロジェクトを新規作成します。

```
$ vue create your-project-name
```

Manually select featuresを選択します。

```
> Manually select features
```

E2E Testngにチェックを入れます。

```
>◉ E2E Testing
```

次に、テストツールとしてCypressを選択します。

```
? Pick an E2E testing solution:
> Cypress (Chrome only)
  Nightwatch (WebDriver-based)
  WebdriverIO (WebDriver/DevTools based)
```

これで、E2Eテストを実行するためにCypressが導入されたプロジェクトが新規作成されます。

生成された設定の確認

生成されたE2Eテストのテストコード（tests/e2e/specs/test.js）を確認してみましょう。

```
describe('My First Test', () => {
  it('Visits the app root url', () => {
    cy.visit('/')
    cy.contains('h1', 'Welcome to Your Vue.js + TypeScript App')
  })
})
```

このテストケースが扱うテスト対象のインプットとアウトプットは以下になります。

- インプット：/へのアクセス
- アウトプット：ページ上にレンダリングされた特定テキストを含んだh1要素

ここで理解しておきたいポイントは以下です。

- cy変数を介してCypressを操作しています。
- cy.visit関数を呼び出し、WebアプリケーションのルートURLにブラウザを使ってアクセスしています。
- cy.contains()関数を呼び出し、第一引数で指定されたセレクタh1と第二引数で指定された要素内テキストの両方に合致する要素を検索しています。

では、このE2Eテストを実行してみましょう。以下のコマンドを実行します。

```
$ npm run test:e2e
```

すると、以下のようなCypressのウインドウが立ち上がります。

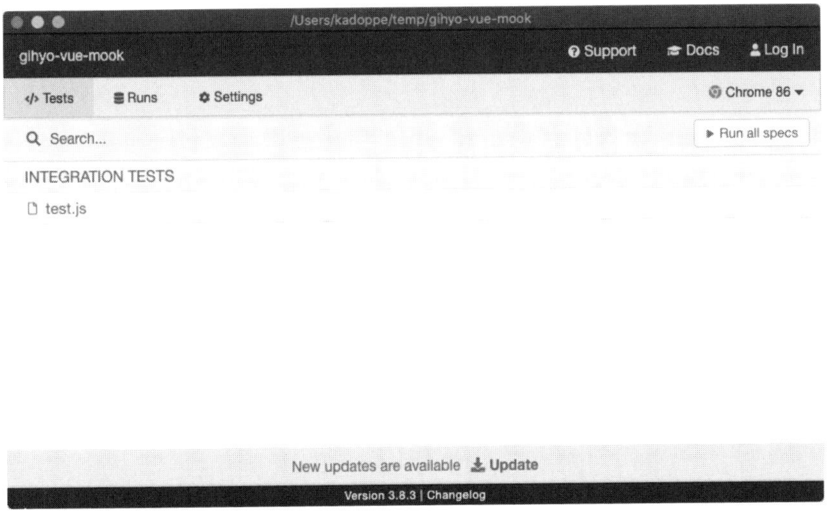

次に、上記ウインドウ右上の「Run all specs」というボタンをクリックします。すると、以下のようなブラウザウィンドウが立ち上がり、その中でE2Eテストが実行されます。

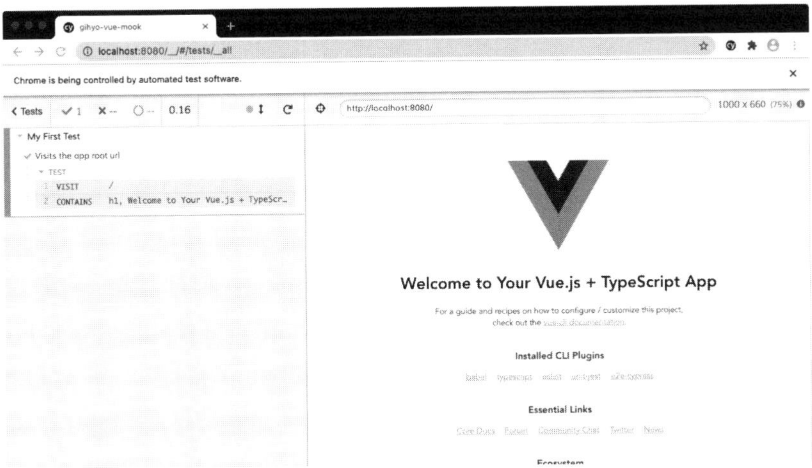

左パネルでE2Eテストの一覧とそれぞれの実行状況が確認できます。右パネルにはE2Eテストが操作中のブラウザ表示のプレビューが確認できます。

マークアップやデザインに依存したテストを書かない

本章では、実装ではなく振る舞いのテストをするべき理由について紹介してきました。E2Eテストにおいても、その点で考慮すべきポイントがあるので紹介します。

E2Eテストは、Webブラウザを操作する一連のシナリオに対して、Webアプリケーションが期待どおりの振る舞いをするかどうかを検証します。その際、テスト対象のWebページ上に存在するDOM要素を取得し、その内容を検証することが多々あります。

振る舞いを検証するためにDOM要素を取得する際に注意したいのが、デザインやマークアップ用途のセレクタを使って要素を検索しないことです。さもないと、デザインやマークアップの修正・リファクタリングをおこなったタイミングで、振る舞い自体は変わっていないのにE2Eテストが失敗する、といったことが起こりやすくなります。

たとえば、以下のようなVueコンポーネントがあったとします。

```
<template>
  <button class="red">
</template>
```

上記のコンポーネントが含まれるページのE2Eテストを実装します。以下のコードでは、`.red`セレクタにマッチするbutton要素を取得し、その後クリックしています。

```
cy.get('.red').click()
```

その後、デザインの変更により、該当ボタンの色を変更したとします。Vueコンポーネントの実装が以下のように変わりました。

```
<template>
  <button class="blue">
</template>
```

このタイミングでE2Eテストを実行すると、振る舞いは変わっていないにもかかわらず、テストケースはページ上から該当ボタンを発見できずに失敗してしまいます。テストケースがマークアップやデザインに依存した形で実装されているためです。

この問題を解決するアプローチとして、「デザイン・マークアップ用のセレクタと、テストコードから要素を参照するためのセレクタを分ける（共有しない）」方法があります。

たとえば以下のように、テストコードからbutton要素を参照するためのカスタムデータ属性を定義してみます。

```
<template>
  <button class="blue" data-test="important-button">
</template>
```

テストケースからは、class属性ではなくカスタムデータ属性を用いたセレクタを利用してbutton要素を取得してみます。

```
cy.get('[data-test="important-button"]').click()
```

こうすることで、デザインやマークアップの変更時にも失敗しづらいテストケースになります。

E2Eテストにおいても実装ではなく振る舞いの検証することは非常に重要です。常に意識してテストコードを実装するようにしましょう。

COLUMN

Vue 3への対応

Vue 3からCompsition APIが導入され、Vueコンポーネントの実装方法が大きく変わりました。しかし、Vue Test Utilsを使ってテストケースを記載している場合、テストの実装方法はVue 2とは大きく変わりません。

Vue Test Utilsは、Vueコンポーネントの実装方法にかかわらず、コンポーネントの振る舞いを透過的に検証できるよう設計されています。そのためComposition APIを利用しているかにかかわらず、同じAPIや記述方法を用いてテストコードを実装できます。

ですから、Vue 2のコンポーネントをVue 3のComposition APIを使った実装に移植した場合、テストコードをほとんど修正する必要はありません。

しかし、テストコードがVueコンポーネントの振る舞いではなく実装を検証するような形で実装されていた場合、話は別です。振る舞いを検証するテストコードを実装することで、依存するツールのバージョンアップにも容易に対応できます。

第6章

パフォーマンスを改善する

Webアプリケーションにおけるパフォーマンスの重要性が高まってきています。

フロントエンドの機能性やUIの複雑化に伴い、サーバーサイドだけではなくフロントエンドのパフォーマンスにも関心が集まり始めました。

加えて、近年、パフォーマンスがECサイトのコンバージョン率や検索エンジンでのSEOに与える影響の大きさについて認識されるようになりました。Webアプリケーションのパフォーマンスは、もはやエンジニアだけでなく、マーケターやプロダクトマネージャーなどWebアプリケーションに関わるすべての人にとっての共通の関心事だと言えます。

本章ではおもに以下の内容について紹介します。

- パフォーマンス課題によって生じる影響と改善する目的について
- パフォーマンスの計測方法について(何を、どう計測するか)
- パフォーマンスの改善方法について方法(Vue.js関連の例を交えながら)

Vue.jsを用いて開発したWebアプリケーションのパフォーマンスを改善するために、これらの内容をぜひ活用できるようにしましょう。

6-1 ユーザー体験の質を向上させることを目的にしよう

Webアプリケーションのパフォーマンス改善に取り組む際には、「アプリケーションのユーザー体験の質を向上させること」を第一に考えましょう。

特定の画面における表示速度を最適化することが目的ではなく、ユーザーが満足できる体験を提供することがパフォーマンス改善の最終目的になります。ユーザー体験の質が改善されれば、冒頭で述べたコンバージョン率やSEOについてもポジティブな影響を与えることにつながります。

パフォーマンスはすべて定量的に計測可能なものではありません（とはいえ、パフォーマンスを計測することは重要です。本章で追って紹介します）。直接的に数値に現れない、「ユーザーの体感パフォーマンス」という概念が存在します。

たとえば、計測した数値上のパフォーマンスに変化がなくても、ユーザーインタフェースやデザインの工夫でユーザーが「待たされている」と感じる時間を短縮できる可能性があります。

- ページの構成する要素のうちユーザーにとって必要な部分を優先的に表示する
- ローディング中を表すユーザーインタフェースを表示して、アプリケーションの状態を明示的に伝える
- ページ遷移時のアニメーションで、ユーザーの操作に対してできるだけ早くフィードバックを返す

一方で、計測した数値上のパフォーマンスが改善したとしても、上記のような工夫がされていないとユーザーが「待たされている」と感じる時間が長くなることもあります。

たとえば、ユーザーと関係性のない広告が、ページ上に目立つ形でユーザーにとって必要な要素よりも先に表示された場合、ユーザーの体感的には「待たされた」と感じてしまう可能性があります。

このように、ユーザー体験の質を向上させるという目的に対して、定量的に計測することが難しいパフォーマンス指標も存在します。計測できないユーザーの体感パフォーマンスが存在することもふまえて、総合的なパフォーマンス（＝ユーザー体験の質）を改善する必要があります。

これは開発者だけではなく、デザイナーやマーケターといったさまざまな役割のメンバーと協力し、それぞれの経験則をフル活用しないと解決できない問題です。決して定量的に表現できる開発者だけの問題だと捉えず、力を合わせて総合格闘的にパフォーマンス改善に取り組みましょう。

6-2 パフォーマンスの状況を把握する

Webアプリケーションのパフォーマンス改善に取り組む際、最初にするべきことは、いきなりパフォーマンス改善のための修正をアプリケーションに対して適用することではありません。自分たちが開発しているアプリケーションのパフォーマンス状況を知ることが先決です。

具体的には、以下のような順番でパフォーマンス改善に取り組むべきです。

(1) アプリケーションのパフォーマンス状況を把握する
(2) ユーザー体験を阻害しているパフォーマンス課題・ボトルネックを特定する
(3) 優先度の高いパフォーマンス課題から改善に取り組む

Webアプリケーションのパフォーマンスを改善するために利用できるノウハウが、世の中には多く存在しています。だからといって、それらを自分たちが開発しているアプリケーションに闇雲に適用していくのはおすすめできません。

実際に発生している具体的なパフォーマンス課題やボトルネックにひもづかないパフォーマンス改善のノウハウをアプリケーションに対して適用することで、チームや開発者の多くの時間を浪費してしまう可能性があります。

Webアプリケーションがユーザーに価値を提供するまでの一連の処理の中で、最もパフォーマンスが悪い部分（＝ボトルネック）に、ユーザーの体感パフォーマンスは大きく左右されます。改善の難易度や必要な工数にもよりますが、ボトルネックになっている部分からパフォーマンスを改善することが、効率的なユーザー体験の改善につながります。

ボトルネックではない処理（＝特に問題が発生していない部分）に対するパフォーマンス改善は「早すぎる最適化」と呼ばれるアンチパターンにつながります。早すぎる最適化はコードの過度な複雑化を招き、可読性や保守性を低下させます。

結果として、開発生産性が低下することでアプリケーションの価値を迅速にユーザーに届けられなくなったり、本当にパフォーマンス課題が発生したときにスムーズに課題を解決できなくなるリスクがあります。

ユーザーの体感パフォーマンスを最も阻害する処理を特定し、ボトルネック解消のために最も有効なアプローチを、優先度の高いものから実施していくのが理想的です。これを実現するためにも、まずはパフォーマンスの状況を把握することから始めましょう。

Vue.js 6-3 パフォーマンスを計測する

アプリケーションのパフォーマンスに関する状態を正確に把握し、ボトルネックを特定するために、継続的にパフォーマンスが計測できるしくみを作りましょう。

パフォーマンス計測には、おもに以下の2種類の手法があります。

- 各種計測ツールを使った定量的な計測手法
- 実際にユーザーの声をヒアリングやアンケートなどで収集する定性的な計測手法

後者の定性的な手法はユーザー体験の質を向上する目的において非常に重要なものですが、本章のテーマの範疇外なので詳細には触れません。本章では前者の定量的な手法を中心に紹介します。

何を計測するか

自分たちのアプリケーションのユーザー体験にとって重要なパフォーマンス指標は何かを定義することから始めましょう。適切なパフォーマンス指標の定義はプロダクトや機能の性質によって異なります。

以下に、ECサイトとゲームの例を示します。

- ECサイトの場合：アクセス後に商品が画面上に表示されるまでの時間が重要
- ゲームの場合：プレイ中におけるパフォーマンスの安定性（＝急激に動作が遅くなったり早くなったりしない）が重要

同じアプリケーション内でも、機能や画面によって重要なパフォーマンス指標が異なるケースもあります。

考えられるすべての指標においてパフォーマンスを改善・最適化していくことが理想的ですが、開発者のリソースと時間は有限なので、現実的には難しいでしょう。そのため、ユーザーの体験にとって最も重要なパフォーマンス指標は何かを決めて、その改善のために開発者が使える時間を集中投下することが重要になります。

以下のような観点から、ユーザーの体験を損なう可能性があるリスクと、そのリスクが顕在化したことを検知するための指標を洗い出してみましょう。

- アプリケーションがユーザーに提供している価値にはどのようなものがあるか
- その価値が損なわれるとしたら、どのようなパフォーマンスの課題が発生したときか

- そのパフォーマンスの課題に気づくためには、何をどう計測すればいいか

そのうえで、各リスクを以下の観点で深堀りし、優先度の高いものを計測対象のパフォーマンス指標として選びます。

- それぞれのリスクが顕在化する可能性
- リスクが顕在化したときのインパクトの大きさ

このとき、計測するパフォーマンス指標ごとの目標数値を決めておくと、今後のパフォーマンス改善のサイクルを効果的に回し続けやすくなります。

計測できるパフォーマンス指標には、さまざまなものがあります。ここでは例として、ユーザーの体験向上のためにGoogleが提唱しているWeb Vitalsを紹介します。

- Web Vitals の概要| サイトの健全性を示す重要指標：
  https://developers-jp.googleblog.com/2020/05/web-vitals.html

Web Vitalsでは、サイトの健全性を示す重要指標として以下の3つの指標を提唱しています。

[Web Vitalsの指標]

指標	詳細
Largest Contentful Paint（LCP）	ユーザーがページ上で最も大きなコンテンツを見るまでにかかる時間
First Input Delay（FID）	ユーザーの最初の入力をしてからブラウザがそれを受け付けるまでにかかる時間
Cumulative Layout Shift（CLS）	ページの視覚的な安定性を定量化したもの。ユーザーが予期しないレイアウト変更が発生すると数値が上昇

これらは幅広い種類のWebアプリケーション共通で使える指標になります。一方で、担保・改善したいユーザー体験の種類によっては、ほかの指標を計測する必要もでてきます。

[ほかに計測する指標]

指標	詳細
First Contentful Paint	ページ上に最初のコンテンツがレンダリングされるまでの時間
Time To Interactive	ページがユーザーの入力に反応できるまでの時間

アプリケーションの特定機能のパフォーマンスを計測するために、開発者がより細かいロギングと計測のしくみを実装しなければならないケースもあります。たとえば、ユーザーがページ上で特定の操作をおこなってから、画面の一部に目的のコンテンツが表示されるまでの時間を計測したいケースなどが挙げられます。

どう計測するか

以下の2種類の方法を適宜組み合わせながら、Webアプリケーションのパフォーマンスを継続的に計測できる状態を目指しましょう。

- 実際のユーザー環境から計測する
- 計測用環境から定点観測する

実際のユーザーの環境で計測する

先ほども述べましたが、パフォーマンス改善の最も重要な目的は、ユーザー体験（＝体感パフォーマンス）を向上させることです。

開発者が使用する高性能の端末や、まだ十分なデータが登録されていない開発環境のWebアプリケーションを用いたパフォーマンス計測をおこなうことも可能ですが、それらは実際のユーザー環境とは程遠い環境になっている可能性があります。ユーザーが常に高性能なコンピューターやネットワークを利用できる状態にあるとは限りません。またパフォーマンス問題は、アプリケーションの扱うデータ量が一定サイズを超えたときに発生しやすいものです。

こういった状況の場合、計測に用いた環境でのパフォーマンスが改善したとしても、ユーザーの体感パフォーマンスの改善にはつながらないことがあります。

ユーザーがWebアプリケーションを利用するWebブラウザ上でパフォーマンス計測ができないか検討しましょう。

このような計測を実現するプロダクトとして、以下のようなものが存在しています。

- Datadog リアルユーザーモニタリング：
  https://www.datadoghq.com/ja/blog/real-user-monitoring-with-datadog/
- New Relic APM：https://newrelic.co.jp/products/application-monitoring/

これらのツールを導入することで、パフォーマンス計測用のプログラムが実際のユーザーが操作するWebブラウザ上で実行され、ページ表示までにかかった時間や発生したHTTPリクエストの詳細などの計測結果が各種サービスに送信されます。計測結果は各サービス上でグラフなどを利用して可視化できます。

費用面でこういったツールが利用できない場合もあります。そういった状況では、Webブラウザが提供するPerformance APIを利用することも検討しましょう。このAPIを利用して、ユーザーが操作するWebブラウザ上で特定処理の実行にかかった時間を計測するためのロジックを実装し、計測結果を何らかのサーバーに送信することで、同様のことが実現可能です。

- Performance - Web API：https://developer.mozilla.org/ja/docs/Web/API/Performance

計測用環境から定点観測する

継続的に同一環境から特定のパフォーマンス指標を計測し続けることで、アプリケーションの機能追加や改修に伴う時系列のパフォーマンス変化をトラッキングしやすくなります。

こうしたしくみを構築しておくことで、ソースコードやインフラ構成の変更や、意図しない不具合が発生したタイミングでパフォーマンスが悪化した状況にすぐに気づくことができます。また、パフォーマンス改善のために適用したアプローチが、実際に効果があったのかについてもかんたんに判断可能です。

本番環境にデプロイする前のアプリケーションを計測対象として、こういったしくみを継続的インテグレーション（CI）に組み込むこともできます。これにより、ユーザー体験を著しく損なうリスクがある修正のマージや、本番環境へのデプロイを未然にブロックできます。

このような計測を実現するプロダクトやツールとして、以下のようなものが存在しています。

- Lighthouse：https://developers.google.com/web/tools/lighthouse
- Detadog Synthetic Monitoring：https://docs.datadoghq.com/ja/synthetics/
- New Relic Synthetics：https://docs.newrelic.co.jp/docs/synthetics

特に、Googleが提供するLighthouseは以下の点でオススメです。

- 無償で利用可能
- 先述のWeb Vitalsの指標やFirst Contentful Paint / Time To Interactiveなどを計測可能
- Webブラウザ（Google Chrome）が標準で計測のための機能を提供している

以下に、Lighthouseでの計測結果のサンプルを示します。先述のWeb Vitalsで提唱されている指標をはじめとし、さまざまなパフォーマンスに関する指標を計測・確認できます。

[Lighthouseでのパフォーマンス計測結果]

パフォーマンス計測の事例

計測しているパフォーマンス指標の例

筆者の所属企業で開発しているチャットアプリケーションでは、ユーザーの体験／体感パフォーマンスを維持・改善するための重要なパフォーマンス指標として、以下を定義し計測しています。

- チャットページ（相手やメッセージの一覧が表示される）のFirst Meaningful Paint
- チャット相手の一覧が画面上に表示されるまでの時間
- チャット相手とのメッセージが画面上に表示されるまでの時間
- チャット相手へのメッセージの送信が完了するまでの時間

いずれもチャットアプリケーションがユーザーに提供したいおもな価値や、ユーザーのユースケースをもとに検討・定義したものになります。

定点観測のしくみの例

筆者が所属している開発チームでは、以下のプロダクトやツールを組み合わせて、Webアプリケーションのパフォーマンスを定点観測する環境を構築しています。

- puppeteer（Node.jsからGoogle Chromeを操作するAPIを提供するライブラリ）：https://pptr.dev/
- Lighthouse

- GitHub Actions
- Datadog

GitHub Actionsにより1時間に1回、puppeteerを使ってWebアプリケーションの本番環境にアクセスします。そのうえで、主要なページすべてに対してLighthouseを用いたパフォーマンス計測を実施しています。

Lighthouseにより計測されたWeb Vitals関連の指標や、First Contentful Paint/Time To Interactiveなどさまざまな指標がDatadogに送信されます。Datadogのダッシュボードでチャートを確認したり、生データを分析しながらパフォーマンス改善の必要性や方向性を検討できるようになっています。また、特定のパフォーマンス指標が一定値より悪化した場合、Datadogのモニタリングと通知の機能を使って、Slackにアラートメッセージが投稿されるしくみも構築しています。

[ダッシュボード上に可視化されたパフォーマンス指標の例]

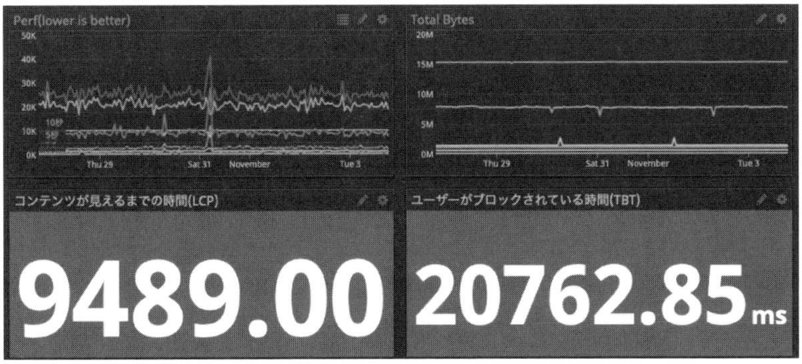

こうした継続的なパフォーマンス計測のための基盤は、自分たちがフルスクラッチで構築することもできますが、AutoWebPerfのような支援ツールを利用することでかんたんに構築することもできます。

- AutoWebPerf：https://web.dev/autowebperf/

この記事ではAutoWebPerfを用いて、LightHouseなどのパフォーマンス計測ツールとGoogle DataStudioのような可視化ツールを連携した計測基盤を構築する例が紹介されています。パフォーマンスの傾向や時系列での変化に気づき、適切なアクションにつなげるための基盤として参考にしてみてください。

Vue.js

6-4 パフォーマンスを改善する

ここまで、ユーザー体験の向上を目的として、パフォーマンスの状況を把握・計測するために必要な考え方としくみについて紹介しました。ここからは、実際にパフォーマンスを改善していくうえで必要な考え方や具体的なアプローチについて紹介します。

何から改善するか

計測するパフォーマンス指標の選定や目標設定が適切におこなえたら、次は以下のような観点をもとに、どのパフォーマンス課題から改善に取り組むかの優先順位を検討すると良いでしょう。

(1) ユーザーの体験／体感パフォーマンスに与えるインパクトが大きいものから対応する
(2) 目標数値とのギャップが大きいものから対応する
(3) 対応に必要なコストが小さいものから対応する

(1)、(2) は、計測対象やパフォーマンス指標が、ユーザーの体感パフォーマンスを担保するうえでボトルネックになっているかに強く関わっています。これらに該当するパフォーマンス課題から改善することで、効果的にユーザーの体感パフォーマンスを改善できます。

また、(3) も重要な観点です。アプリケーションが一般的なお作法・ベストプラクティスに沿って実装されていないことが原因となって、パフォーマンス悪化を引き起こしていることが多々あります。

これらに該当するパフォーマンス課題は、解決方法が一般的で自明である（＝お作法に則って実装するだけでいい）ことから、解決に必要なコストが小さくなる傾向にあります。そのため、「シンプルかつかんたんに改善できそうな部分から改善していく」というのも効果的なアプローチです。

別の考え方として、Webアプリケーションの利用環境の変化や傾向をもとに、解決する課題の優先順位を決める方法もあります。

近年のJavaScript実行エンジンの進化により、WebブラウザにおけるJavaScriptの評価・実行にかかる時間は日々短縮されてきています。そのため、多くのユーザー環境でJavaScriptのダウンロードにかかる時間（JavaScriptのファイルサイズやネットワークの遅延・帯域がボトルネック）がパフォーマンス問題の原因となるケースが相対的に増えてきています。

アプリケーションの要件として、スマートフォンなどの性能が貧弱や端末を利用するユーザーの体験を考慮する必要がある場合、これに該当するパフォーマンス課題の優先準備は相対的に高くなるでしょう。また、4Gネットワークが世界中で利用可能になったとしても、3Gやそれ以下の低品質のネットワークしか利用できないユーザーが存在することも忘れてはいけません。もし、アプリケーションのターゲットユーザーとしてこれらを視野に入れている場合は、重視して検討すると良いでしょう。

JavaScriptのファイルサイズを小さくする

先ほど、JavaScriptのダウンロードにかかる時間が、ユーザーの体感パフォーマンスを維持・改善するうえでボトルネックになるケースが増えてきていると述べました。JavaScriptのダウンロードにかかる時間を決定する要素にはさまざまなものがあります。代表的なものを以下に示します。

[JavaScriptのダウンロードにかかる時間を決定するおもな要因]

要因	説明
JavaScriptのファイルサイズ	小さければ小さいほど、ダウンロード時間が短くなる
ダウンロードを開始するタイミング	ページにアクセスしてからなるべく早いタイミングでダウンロードを開始できれば、ダウンロード完了までの時間が短くなる →`preload`の属性を使って、ユーザーの体感パフォーマンスにとって重要なJavaScriptの読込優先度を上げられる
ネットワーク遅延	ユーザーとJavaScriptファイル配布サーバー間のネットワーク遅延が小さいほどダウンロード時間が短くなる →Amazon Cloud FrontやGoogle Cloud CDN、FastlyなどのCDNを利用することで改善できる
キャッシュ利用の有無	Webブラウザ上のキャッシュを活用すればダウンロードする必要がなくなる →ブラウザキャッシュやServiceWorkerを使ったキャッシュ機能が利用できる

ここでは、JavaScriptのファイルサイズを小さくすることに焦点をあてます。Vue.jsに関連があるトピックもいくつか紹介します。

見込める改善効果

JavaScriptのファイルサイズを小さくすることで、以下の効果が見込めます。

- ダウンロードに必要な時間の軽減
- JavaScriptの評価でCPUを占有する時間の短縮化

結果として、以下のようなパフォーマンス指標の改善につながります。

- Largest Contentful Paint
- First Meaningful Paint

- First Input Delay
- Time To Interactive

問題の原因を特定する

Lighthouseによるパフォーマンス計測結果には、ページアクセス時に読みこまれるJavaScriptやCSSなどの静的ファイルのサイズも含まれます。これらの解析結果やLighthouseによる警告・改善内容の提案をもとに、ファイルサイズを小さくする必要があるJavaScriptファイルをピックアップしていきます。

以下に、Lighthouseによるサイズの大きな静的ファイルの解析結果のサンプルを示します。

[Lighthouseによるサイズの大きな静的ファイルの解析結果]

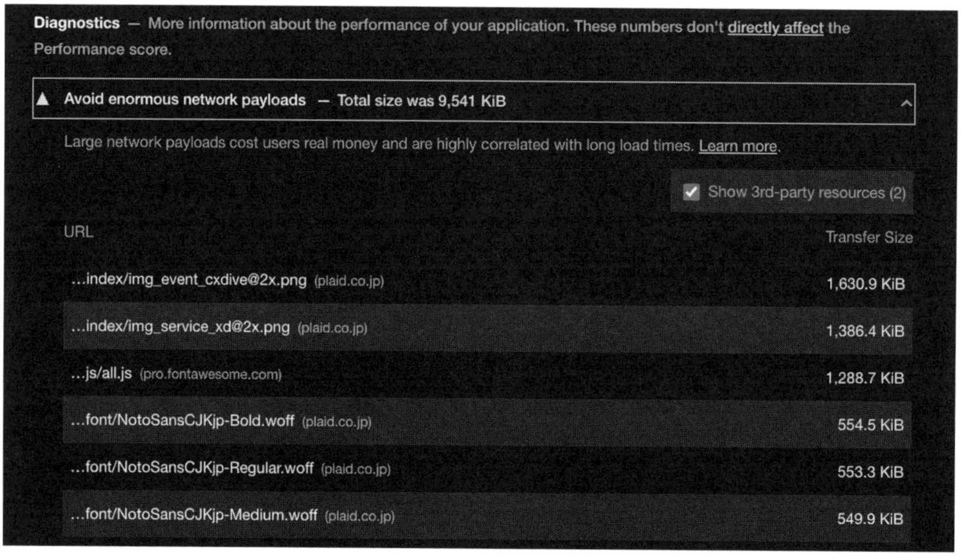

webpackを利用してフロントエンドのソースコードをビルドしている場合、`webpack-bundle-analyzer`を使って、ビルド結果のJavaScriptファイルの内訳を可視化できます。調査HTMLファイルとして出力された解析結果のサンプルを示します。

[webpack-bundle-analyzer解析結果のサンプル]

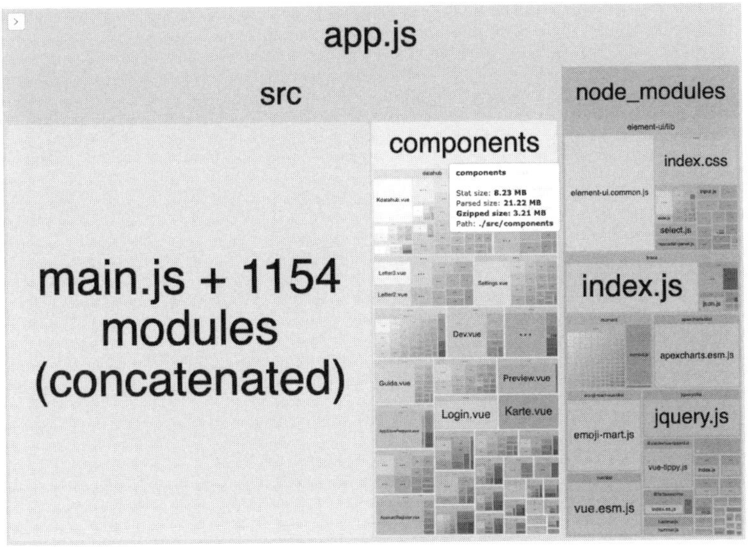

このように、ビルド結果のJavaScriptファイルの中でどのモジュールがどの程度のサイズを占めているのかを視覚的に把握できます。マウスホバーやクリックでより詳細な情報を表示したりドリルダウンしたりしながら、バンドル全体の中でどのコードがサイズ上ボトルネックになっているかを探索的に調査できます。

くわしい設定方法や操作方法については、以下の公式ドキュメントを参照してください。

- webpack-bundle-analyzer：https://www.npmjs.com/package/webpack-bundle-analyzer

このような可視化結果をとっかかりとして、JavaScriptファイルサイズが大きくなっている原因を特定していきます。原因ごとに解決のためのいくつかのアプローチが存在しています。ここでは以下の3つの方法について紹介します。

- 使われていないコードをビルド結果に含めない
- JavaScriptファイルを分割／遅延ロードする
- 同じ機能をより小さなコードで置き換える

使われていないコードをビルド結果に含めない

アプリケーションを構成するVueコンポーネントの仕様や実装と、`webpack-bundle-analyzer`による解析結果を比較し、使っていないコードがビルド結果に含まれていないか確認しましょう。筆者が所属している開発チームで実際にあった事例をいくつか挙げてみます。

- Moment.jsの使っていないlocale（言語）定義ファイルがすべて含まれてしまっている
- element-uiの使っていないUIコンポーネントがすべて含まれてしまっている
- Font Awesomeの使っていないアイコンがすべて含まれてしまっている
- Lodashの使っていない関数がすべて含まれてしまっている

これらの事例から、何らかのサードパーティ製ライブラリを参照する際に、アプリケーションが実際に必要としている部分だけでなくライブラリ全体を読み込んでしまっているケースが多いことに気づきます。アプリケーションからライブラリを利用するときは、そのライブラリのドキュメントをしっかり読み、必要な機能・モジュールだけを参照する方法がないか確認しましょう。

webpackのTree Shakingの機能によって、実際には参照されていないコード（＝デッドコード）をビルド結果から除外できます。モジュールやその参照元がES2015のmodule syntaxである`import`や`export`に対応することで、webpackのTree Shakingが有効になります。

例として、Lodoshを参照する際にTree Shakingを有効にする記述方法を以下に示します。

```
// Tree Shaking が有効にならないケース -> lodash全体がビルド結果に含まれる
import _ from 'lodash'
const cloned = _.cloneDeep({})
```

```
// Tree Shaking が有効になるケース -> cloneDeep関数関連のコードのみがビルド結果に含まれる
// lodashがES2015 module syntaxに対応していないため、対応版ライブラリであるlodash-esを代わりに利用
import { cloneDeep } from 'lodash-es'
const cloned = cloneDeep({})
```

このように、ライブラリによってTree Shakingを有効にする方法が異なるため、個別に方法を調査する必要があります。

Tree Shakingの詳細は、webpackの以下の公式ドキュメントを確認してください。

- Tree Shaking | webpack：https://webpack.js.org/guides/tree-shaking/

例1：vue-fontawesome

vue-fontawesomeは、Font Awesomeで提供されているアイコンフォントをVueコンポーネントからかんたんに参照するためのライブラリです。豊富なアイコンセットが提供されているため、Vue.jsを使ったWebサイトやアプリケーション開発で広く利用されています。

- Font Awesome：https://fontawesome.com/

- vue-fontawesome：https://github.com/FortAwesome/vue-fontawesome#import-entire-styles

Vueアプリケーションからvue-fontwesomeを利用する際には、適切にTree Shakingがおこなわれるようにモジュールを参照するようにしましょう。さもないと、アプリケーションで利用しているかどうかにかかわらず、ビルド結果のJavaScriptファイルにすべてのアイコンフォントが含まれてしまいます。

結果として、JavaScriptのファイルサイズが増大し、深刻なパフォーマンスの問題が発生してしまう可能性があります。

以下の図は、大量のアイコンフォントがビルド結果のJavaScriptファイルに含まれている状況を、webpack-bundle-analyzerで可視化した例です。格子状にひしめきあっている大量の四角ひとつひとつがFont Awesomeのアイコンになります。ひとつのアイコンは大きなサイズではないですが、数が大量に存在するため、合計すると大きなサイズになってしまうことがわかります。

[すべてのアイコンフォントがビルド結果に含まれてしまっている]

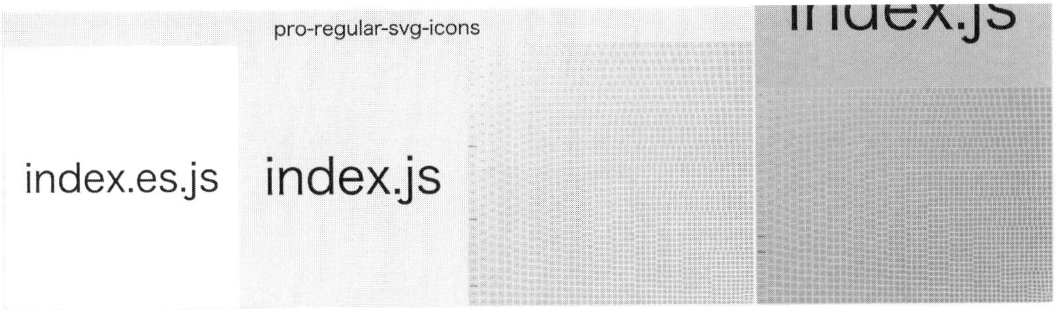

以下に、Tree Shakingが適切に有効にならない例を示します。

```
import Vue from 'vue';
import { library } from '@fortawesome/fontawesome-svg-core'
import { fas } from '@fortawesome/free-solid-svg-icons' // 無料で利用できるすべてのSolid Iconをインポート
import { FontAwesomeIcon } from '@fortawesome/vue-fontawesome'

library.add(fas) // インポートしたアイコンをコンポーネントに登録

Vue.component('font-awesome-icon', FontAwesomeIcon)
```

上記の方法でモジュールを参照した場合、Font Awesomeが提供している無料で利用可能なSolid Icon（約1000種類）がすべてビルド結果のJavaScriptファイルに含まれてしまいます。

必要なアイコンのみをインポートし、Tree Shakingを適切に有効化するには、以下のようにモジュールを参照する必要があります。

```
import { library } from '@fortawesome/fontawesome-svg-core'
import { faUserSecret } from '@fortawesome/free-solid-svg-icons' // user-secret というアイコンのみ
をインポート

library.add(faUserSecret) // インポートしたアイコンをコンポーネントに登録
```

このようにすることで、実際にアプリケーションから利用するアイコンのみがビルド結果のJavaScriptに含まれるため、大幅なファイルサイズの削減が実現できます。

例2：element-ui

element-ui（Element）は、Vueアプリケーションで利用可能なさまざまなUIコンポーネントを提供するライブラリです。これらのUIコンポーネントを組み合わせることで、開発者がある程度のクオリティのUIを高速に構築できることから、利用しているWebアプリケーションが少なくありません。

- Element：https://element.eleme.io/#/en-US

element-uiに関しても、Vueアプリケーションから適切な方法で参照しなければ、Tree Shakingが有効になりません。結果として、ビルド結果のJavaScriptファイルのサイズが大きくなってしまいます。

以下に、Tree Shakingが有効にならない例を示します。

```
import Vue from 'vue';
import ElementUI from 'element-ui'; // element-uiで提供されているすべてのUIコンポーネントをインポート

Vue.use(ElementUI); // インポートした全コンポーネントをVueインスタンスに登録
```

上記の方法でモジュールを参照した場合、element-uiが提供しているすべてのUIコンポーネントがビルド結果のJavaScriptファイルに含まれてしまいます。

アプリケーションが実際に利用するUIコンポーネント以外をビルド結果から除外するには、**babel-plugin-component**というBabelプラグインの導入と設定が必要です。詳細は以下のドキュメントを参照してください。

- https://element.eleme.io/#/en-US/component/quickstart#on-demand

そのうえで、以下のように必要なUIコンポーネントだけを参照することで、利用していないUIコンポーネントはビルド結果に含まれなくなります。

```
import Vue from 'vue';
import { Button, Select } from 'element-ui';
Vue.use(Button)
Vue.use(Select)
```

ここでは、vue-fontawesomeとelement-uiでTree Shakingを有効にし、ビルド結果のファイルサイズを不必要に大きくしない方法について紹介しました。ここで紹介したライブラリに限らずVueアプリケーションから何らかのライブラリを利用する際は、実際に利用している機能関連のコードだけが最終的なビルド結果に含まれるよう、ドキュメントをしっかりと確認することを心がけましょう。

JavaScriptファイルを分割／遅延ロードする

ページにアクセスしたタイミングでWebブラウザがダウンロードするJavaScriptコードのうち、すべてのコードが最初から必要なコードであるとは限りません。以下のように、最初から必要ではないコードがJavaScriptファイルに多く含まれており、それが原因で単一のJavaScriptファイルのサイズが大きくなってしまっていることがあります。

- ユーザーが別のページへ遷移したタイミングで初めてコードが必要になるケース（SPA; シングルページアプリケーションを想定）
- ユーザーが何らかの操作をしたタイミングで初めてコードが必要になるケース

パフォーマンス改善対象のページがこのケースに該当する場合、JavaScriptファイルを細かい単位に分割し、必要なタイミングでコードの断片（chunk）を遅延ロードするしくみの導入を検討しましょう。これにより、ページ表示やユーザーによる操作を受けつけるまでに必要なJavaScriptのファイルサイズを小さくでき、ユーザーの体感パフォーマンスの向上が見込めます。

たとえば、アプリケーションがSPAではなくWebブラウザ上のページ遷移を伴うケースを考えます。このとき、ページごとにwebpackのentryを分割することで、それぞれのビルド結果を小さくできます。

以下のようにwebpack.config.jsで、ページごとのentryを定義してみます。

```
// 修正前。すべてのページに必要なコードが1つのファイルに含まれる形
const config = {
  entry: {
    'app': './src/app.js',
  }
}
```

```
// 修正後。ページごとに必要なコードが複数のファイルに分割される形
const config = {
  entry: {
    'page-a': './src/page-a/app.js',
    'page-b': './src/page-b/app.js',
  }
}
```

こうすることで、1つの大きなビルドファイル（app.js）が、page-aとpage-b用の2つのentryに分割されビルドされるようになります。あとは、page-aアクセス時にpage-aの用のJavaScriptファイルが、page-bアクセス時にpage-b用のJavaScriptファイルが読み込まれるようにすれば対応完了です。

[entryの分割イメージ]

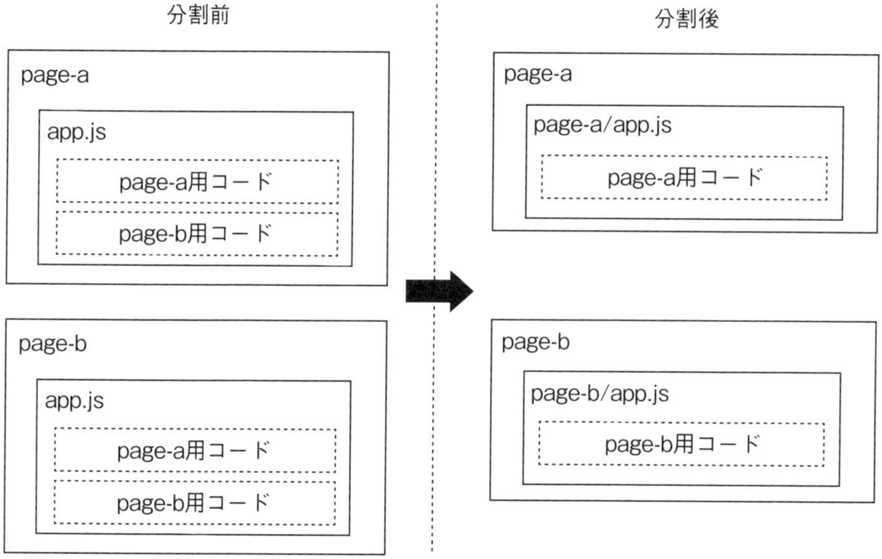

このサンプルではページごとにwebpackのentryを分割しましたが、各ページでの共通処理を抽出して異なるentryに分割するケースもwebpackではサポートしています。くわしくは以下の公式ドキュメントを参照してください。

- Entry Points | webpack：https://webpack.js.org/concepts/entry-points/

対象のアプリケーションがSPAの場合、ES2015のDynamic ImportとwebpackのCode Splittingを利用して、JavaScriptファイルをルートごとのchunkに分割できます。特定のルートにユーザーがアクセスしたときに初めて、ルートに該当するページをレンダリングするために必要なJavaScriptファイルのchunkが遅延ロードされます。

ここでは、Vue Routerを利用したサンプルコードを紹介します。以下のコードをビルドすると、各ページで必要なコード（**PageAComponent**と**PageBComponent**の実装）が1つのJavaScriptファイルに含まれてしまいます。

```
import PageAComponent from './component/page-a'
import PageBComponent from './component/page-a'

const router = new VueRouter({
  routes: [
    {
      name: 'page-a',
      path: '/page-a',
      component: PageACompoennt
    },
    {
      name: 'page-b',
      path: '/page-b',
      component: PageBCompoennt
    }
  ]
}
```

これを、Vueの非同期コンポーネントとES2015のDynamic Import使う形に書き換えてみます。

```
// 非同期コンポーネントと Dynamic Import でコンポーネントへの参照を宣言
const PageACompoennt() => import('./component/page-a')
const PageBCompoennt() => import('./component/page-a')

const router = new VueRouter({
  routes: [
    {
      name: 'page-a',
      path: '/page-a',
      component: PageACompoennt
    },
    {
      name: 'page-b',
      path: '/page-b',
      component: PageBCompoennt
    }
  ]
}
```

Vueの非同期コンポーネントは、コンポーネントそのものではなく、コンポーネントを返す関数です。非同期コンポーネントによって、コードの評価時ではなく、実際にコンポーネントが必要になったタイミング（ルーティングが変化したタイミング）でコンポーネントがロードされるようになります。

また、ES2015のDynamic Importを使うことで、**import()**関数が実行されたタイミングで初めて外部モジュールをできるようになります。

このコードをビルドすると、webpackのCode Splittingによって`PageAComponent`と`PageBComponent`のコードが別のファイル（chunk）に分離されます。

Webブラウザがページアクセスする際、最初にサイズが小さくなったメインのJavaScriptファイルのみをダウンロードします。そして、ルートが変化したタイミングで該当ルートのレンダリングに必要なコンポーネントのコードを遅延ロードします。

[Dynamic ImportとCode Splittingによる分割イメージ]

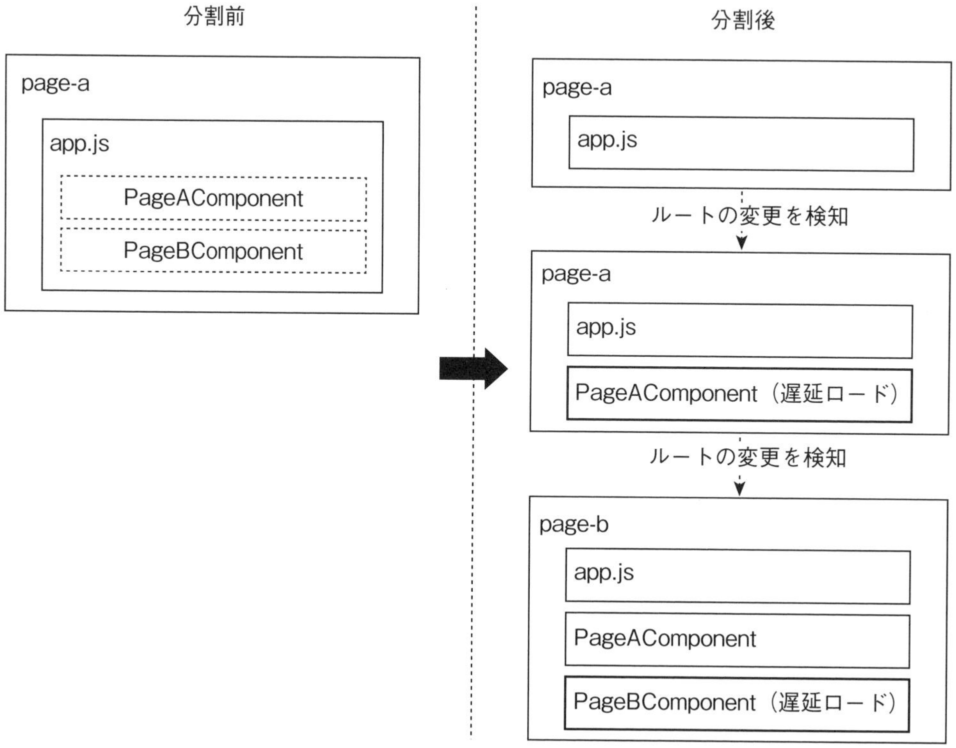

結果として、ページの内容が表示されユーザーの操作が可能になるまでにブラウザがダウンロードするJavaScriptファイルのサイズが小さくなり、ユーザーの体感パフォーマンスの向上につながります。

Vue Routerの遅延ローディングや、webpackのCode Splittingについてよりくわしく知りたい方は、以下の公式ドキュメントを参照してください。

- 遅延ローディングルート | Vue Router：
  https://router.vuejs.org/ja/guide/advanced/lazy-loading.html
- Code Splitting | webpack：https://webpack.js.org/guides/code-splitting/

同じ機能をより小さなコードで置き換える

npmのエコシステムには、さまざまな目的を達成するための多種多様なライブラリが提供されています。それらを利用することで、開発者はアプリケーションの価値を最大化するための本質的な開発に集中して取り組むことができます。

一方、npmで提供されているライブラリは、さまざまなユースケースや環境で利用されることを想定して汎用的に作られていることが多いです。そのため、ライブラリが提供しているすべての機能をアプリケーションから利用していないケースが多々あります。

たとえば、サポート対象ブラウザがGoogle Chromeだけのアプリケーションが、Internet ExplorerへのPolyfillを含んだライブラリを利用しているケースを考えます。この場合、Internet ExplorerへのPolyfill関連のロジックはアプリケーションから利用しないので、使わない無駄なコードがJavaScriptファイルに含まれてしまうことになります。

ライブラリによっては、同じ機能を提供するものの、想定している動作環境やユースケースの異なる代用ライブラリが存在している場合があります。汎用性を犠牲にして、特定環境だけを想定して実装したライブラリは、汎用的なライブラリと比較してサイズが小さくなります。

アプリケーションが参照しているライブラリをそういった代用ライブラリに置き換えることで、ビルド結果のJavaScriptファイルサイズを小さくすることが見込めます。オリジナルのライブラリを参考にしながら、必要な機能・ロジックだけに絞ったライブラリを自作するのも選択肢に入るでしょう。

また、Lodashなどのユーティリティ系ライブラリを利用している場合、それらが提供している関数を本当に利用する必要があるのかについて検討するのも良いでしょう。

Webブラウザの進化に伴い、ブラウザから利用できるJavaScriptのAPIは増加傾向にあります。アプリケーションがサポートするブラウザ種別やバージョンを考慮したうえで、ライブラリが提供する関数を利用するのではなく、ブラウザが提供するネイティブAPIを利用できないか検討しましょう。

こうすることで、アプリケーションがライブラリに依存する領域を小さくでき、それが結果的にJavaScriptのファイルサイズを小さくすることにつながります。

Vue.jsにこだわらないのであれば、最終的なビルド結果のJavaScriptファイルに含まれるRuntimeが小さい、別のフロントエンドフレームワークの利用を検討するのも良いでしょう。PreactやSvelteといった、Runtimeの小ささが特徴のフロントエンドフレームワークがいくつか存在しています。

- Preact：https://preactjs.com/
- Svelte：https://svelte.dev/

ファイルサイズの増大に気づく・未然に防ぐ

ビルド結果のJavaScriptファイルのサイズを一度削減できたとしても、その後のソースコードの追加・修正に伴い、サイズが再び大きくなってしまうことがあります。

こういった状況にすぐ気づけるしくみが整っていないと、せっかく実施したパフォーマンス改善が水の泡になってしまう可能性があります。ビルド結果のファイルサイズが一定以上になった場合、CIによるビルドでエラーが発生するようにすることで、問題にすぐに気づけるようになります。

webpackを使ってフロントエンドのJavaScriptファイルをビルドしている場合、webpackのperformanceオプションが利用できます。

- Performance | webpack：https://webpack.js.org/configuration/performance/

webpackの設定ファイル（webpack.config.js）でperformance.hintsの値としてerrorを指定します。すると、ビルド結果のファイルサイズが一定サイズ以上になった場合、エラーでビルド自体を失敗させることができます。

```
module.exports = {
  // 略
  performance: {
    hints: 'error'
  }
};
```

ファイルサイズの上限はperformance.maxAssetSize／performance.maxEntrypointSizeで変更可能です。たとえば以下のように指定することで、ビルド結果のJavaScriptファイル（EntryPoint）や生成される画像ファイルなど（Asset）のサイズを50KBに制限できます。

```
module.exports = {
  // 略
  performance: {
    maxEntrypointSize: 50000,
    maxAssetSize: 50000
  }
};
```

本節で紹介したように、一度実施したパフォーマンス改善がその後の機能追加・改善で水の泡にならないよう、再発防止や検知のためのしくみも合わせて検討・用意するようにしましょう。

メインスレッドを占有しない

JavaScriptはシングルスレッド言語であり、2つの処理をまったく同時刻に実行することはできません。またWebブラウザがダウンロードしたJavaScriptの処理（評価と実行）はWebブラウザのメインスレッド上でおこなわれます。これらの処理にメインスレッドが占有されている間、Webブラウザ上では以下のような現象が発生し、ユーザーの体感パフォーマンスを損ねる可能性があります。

- ページのレンダリングがおこなわれない、または遅延する
- ユーザーのインタラクション（クリックやスクロール、キーボード入力など）に反応できない

こうした事態を避けるため、JavaScriptファイルの評価と実行にかかる時間を短縮し、レンダリングやユーザーインタラクション関連の処理にメインスレッドをできるだけ早いタイミングで開放する必要があります。

見込める改善効果

Webブラウザがダウンロードした JavaScriptファイルの評価と実行にかかる時間を短縮することで、ユーザーインタラクションに関連する以下のパフォーマンス指標の改善が見込めます。

- First Input Delay
- Time To Interactive

また、JavaScriptの評価に時間がかかる場合、Vueコンポーネントのレンダリングも遅延してしまっているケースがあります。このようなケースでは、コンテンツ表示に関連する以下のパフォーマンス指標の改善も見込めます。

- Largest Contentful Paint
- First Meaningful Paint

問題の原因を特定する

Lighthouseでパフォーマンス計測から、ページアクセス時にブラウザがロードした JavaScriptファイルと、それぞれがメインスレッドを占有した時間の一覧を確認できます。これにより、処理時間を改善する対象の JavaScriptファイルにあたりをつけることができます。

[Lighthouseによるメインスレッドを長時間占有しているタスクの指摘例]

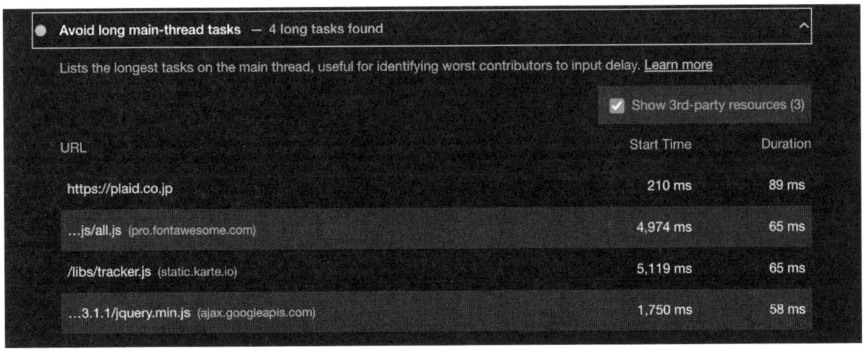

問題の原因をよりくわしく特定するには、Webブラウザが開発者ツールとして提供しているPerformance Profilerの機能を使います。

Google Chromeでは、Chrome Dev ToolsのPerformanceタブからProfilerを利用できます。「Record」ボタンをクリックすることで、ページがいったんリロードされ、再度ページが表示・操作可能になるまでのJavaScriptの処理状況（Profile）の記録がおこなわれます。

取得したProfileのサンプルを以下に示します。ここには以下のようなさまざまな情報が詰まっています。

[Google ChromeでのProfile結果のサンプル]

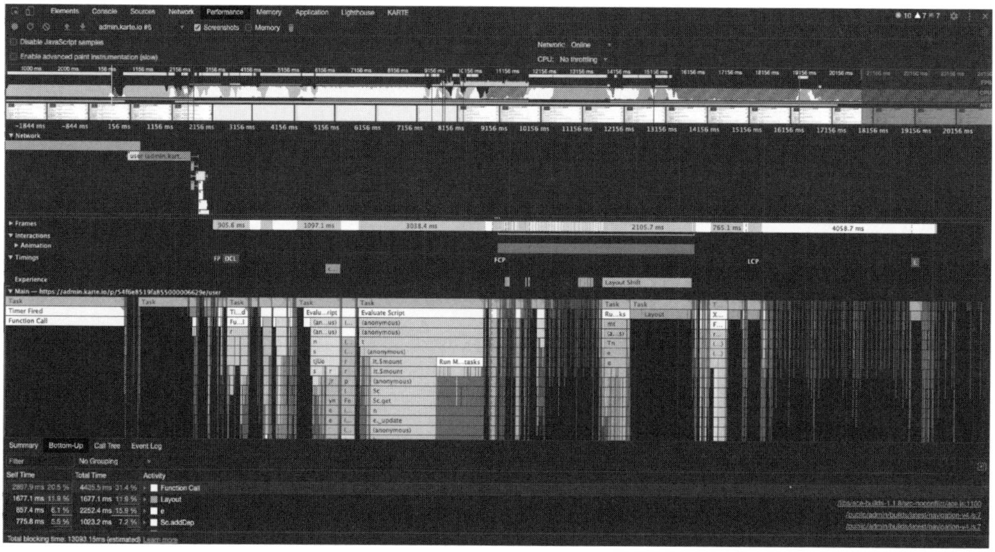

- どの処理にどれくらい時間がかかっているか
- 特定タイミングの画面のスクリーンショットやCPU使用率
- First Contentful Paintなどのイベントが発生したタイミング

Profile結果はJSONファイルとしてダウンロードできます。ほかの開発者とProfile結果を共有することで、パフォーマンス改善のための原因特定・デバッグを複数人でおこなえます。

Profile結果のくわしい見方については、以下の公式ドキュメントを参照してください。

- Timelineツールの使い方：https://developers.google.com/web/tools/chrome-devtools/evaluate-performance/timeline-tool?hl=ja

Profileは、できる限りパフォーマンスの問題が発生しているユーザーと同等の環境で取得するようにしましょう。CPU性能、ネットワークの状況が変われば、処理のボトルネックも変わります。開発者の高性能なマシンでProfileを取得し、そこで特定したボトルネックに対してパフォーマンス改善をおこなっても、大半のユーザーの体感パフォーマンス改善にはつながらないことがあります。

ChromeのPerformanceツールでは、ネットワークの帯域幅やCPUの性能を意図的に制限した状態でProfileデータを取得することが可能です。これらの機能を使い、仮想的にエンジニアの開発用マシンの性能を落とした状態でProfileを取得することで、より実在のユーザーと近い環境での問題特定が可能になります。

[ChromeのProfileタブでCPUの性能を制限しようとしている様子]

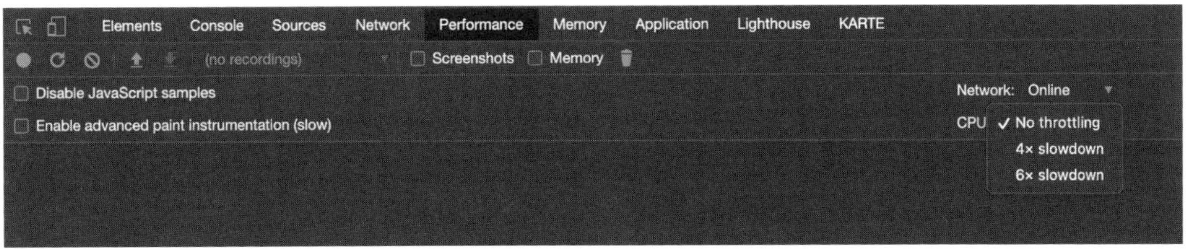

もし可能なら、実際にパフォーマンス課題が発生しているユーザーに、Profileの取得と結果の共有を依頼してみましょう。ただし、多くのユーザーにとってProfile取得するのは難しい作業であることがほとんどです。場合によっては、Zoomなどのオンライン会議ツールを使って、ユーザーのPCを遠隔操作することでProfileを取得できないか検討してみましょう。筆者はその方法でユーザーの環境で発生していたパフォーマンス課題の原因を特定し、改善した経験があります。

Profileを取得してからの問題特定とその解決方法は、アプリケーションに実装されているロジックによって千差万別です。処理に時間がかかっている処理を1つずつドリルダウンしながら確認し、何が原因で処理時間が長くなっているのか、それを解決する方法がないかを調査・検討しましょう。

処理の実行タイミングを遅延させる

ページアクセス時のJavaScriptの処理時間の短縮にはさまざまなアプローチが存在しています。以下に例を示します。

(1) 処理自体を無くせないか（不要な処理ではないか）を検討する
(2) 処理の実行を遅延（非同期に）できないか検討する
(3) 処理時間が短くなるように細かいチューニングを検討する（アルゴリズムの改善やキャッシュの導入など）

上記の分類だと、基本的に上から順番に対応が複雑になり、また対応コストが大きくなります。対応方法が複雑になればなるほど、その後のアプリケーションの修正やメンテナンスコストが増大する傾向にあります。まずはコストがかかりづらいシンプルなアプローチから検討すると良いでしょう。

目的はユーザーの体感パフォーマンスを改善することです。First Input DelayやTime To Interactiveを改善させるのであれば、処理の実行の遅延させ、非同期化するのは有効な選択肢です。

評価や処理に時間がかかっているJavaScriptコードに対して、以下のようなアプローチを使って評価や実行タイミングを遅らせられないか検討しましょう。

(A) 同期的に実行する必要がない処理をsetTimeout関数を使い、次のイベントループに処理を遅延させる
(B) Vueの非同期コンポーネントを使い、コンポーネントが必要になるまでコンポーネントの定義を遅延させる
(C) ES2015のDynamic Importとwebpackの Code Splittingを利用し、ページロード時に評価する必要がないコードを分割して遅延ロードする

特に、(B)と(C)のアプローチはJavaScriptファイルのサイズの削減にもつながり、パフォーマンス改善にあたっては一石二鳥です。また、ファイルサイズが小さくなることで、JavaScriptの評価時間の短縮も期待できるため、メインスレッドの開放タイミングを早めることにもつながります。

サーバーサイドレンダリング(SSR)を利用する

サーバーサイドレンダリング(SSR)のしくみを利用することで、Webブラウザが、サーバーサイドでVueコンポーネントをあらかじめレンダリングした結果のHTMLを受け取ることができます。

- アプリケーションの基本的な構造(レイアウトやUIなど)をサーバーサイドでレンダリング
- Webブラウザが保持しているユーザーの状態に応じた動的な部分をフロントエンドでレンダリング

このようなしくみを導入することで、ページロード時にブラウザ上で実行されるVueコンポーネントのレンダリング関連の処理量を削減できます。そのため、First Input DelayやTime To Interactiveといったユーザーインタラクション関連のパフォーマンス指標の改善が期待できます。

サーバーサイドでレンダリングした結果のHTMLを、WebブラウザやServiceWorkerによるキャッシュ機構を用いてキャッシュできるようにもなり、さらなるパフォーマンスの改善も見込めます。

Vue.jsを使ったWebアプリケーションをサポートするフレームワーク「Nuxt.js」を採用している場合、かんたんにSSRのしくみを導入できます。SSRの導入が目的として、Nuxt.jsを導入することもあるでしょう。くわしくは以下の公式ドキュメントを参照してください。

- Server Side Rendering - NuxtJS:https://ja.nuxtjs.org/docs/2.x/concepts/server-side-rendering/

重たい処理をWebWorkerに逃がす

メインスレッドのおもな役割は､ユーザーインタラクション（クリックやスクロールなど）を検出し、それによってUI（DOM）の状態を変化させることにあります。これらに関連する処理は、メインスレッドでしかおこなえません。

UIとは関係のない時間がかかる処理がメインスレッドで実行されることで、それが実行されている間、Webブラウザはユーザーインタラクションに反応できなくなります。

UIとは関係のない時間がかかる処理はアプリケーションによってさまざまなものがありますが、たとえば以下のようなものが挙げられます。

- APIのエンドポイントからデータを取得する処理
- 取得したデータを分析・加工する処理

ほとんどのアプリケーションでは、特に意識していない限り、これらの処理はVueコンポーネントやStore上に実装され、処理自体はブラウザのメインスレッド上で実行されているはずです。

この問題に対して、UIに関連しないロジックをメインスレッドではなくWebWorker[注1]上で実行するというアイデアが存在しています。

WebWorkerは、WebアプリケーションがJavaScriptコードをメインスレッドではなくバックグラウンドのスレッドで実行するための機能です。WebWorker上でいくら重たい処理が実行されたとしても、メインスレッドの処理をブロックすることはありません。そのため、UIに関係ない重たい処理をWebWorkerで実行することにより、First Input DelayやTime To Interactiveといったパフォーマンス指標の改善が期待できます。

WebWorkerではさまざまなタイプの処理を実装できますが、以下のような制約もあります。

- DOMを操作できない
- windowオブジェクトに定義された一部の関数・プロパティが使用できない

メインスレッドは、`postMessage`関数を使ってWebWorkerとメッセージをやり取りすることで、処理を実行し、その結果を受け取ります。

たとえば、以下の記事でVuexのactionsの処理をWebWorkerで実行するサンプルが紹介されています。

- Off Main Thread Architecture with Vuex - Abdelrahman's Blog：
  https://logaretm.com/blog/2019-12-21-vuex-off-mainthread/

注1　Web Worker の使用 - Web API | MDN：https://developer.mozilla.org/ja/docs/Web/API/Web_Workers_API/Using_web_workers

メインスレッドとWebWorkerのやり取りは一般的な関数呼び出しとは異なるものです。そういったAPIの扱いにくさを隠ぺいし、Vue.jsから使いやすくすることを目的とした`vue-worker`というライブラリも存在しています（残念ながら2021年1月現在開発は止まっているようです）。

- israelss/vue-worker：https://github.com/israelss/vue-worker

これらのしくみは、実績やエコシステムが整っていない（＝枯れていない）印象はあります。しかし、ページロード時にメインスレッドを長時間占有している処理がWebWorkerの仕様や制約とマッチするのであれば、パフォーマンス改善の選択肢として検討する価値はあるでしょう。

Vue.js 6-5 継続的に高いパフォーマンスを維持するために

ほとんどのWebアプリケーションは一度リリースしたあとも継続的な機能追加・改善がおこなわれます。そのため、一度Webアプリケーションのパフォーマンスを改善し、ユーザー体験を向上できたとしても、時間が経つにつれて再びユーザー体験が悪化してしまう可能性があります。

継続的に高いパフォーマンスを維持し、質の高いユーザー体験を提供し続けるためには、アプリケーション開発チームがそのための文化と必要な技術・ナレッジを身につける必要があります。

- パフォーマンスがアプリケーションの価値やユーザー体験を大きく左右する重要な要素であることを認識する
- アプリケーションのパフォーマンスを高め、維持し続けるために必要な技術やナレッジをできるだけ多くのメンバーが理解する

これらを実現することは、決して一朝一夕で済むような容易なことではありません。日々発生するパフォーマンス関連のさまざまな問題に対してトライアルアンドエラーをくり返しながら、チームとして少しずつ学習を重ねていく必要があります。

たとえば、筆者の所属企業では「パフォーマンス組」という組織が存在しており、パフォーマンス向上・維持に必要な文化づくりと技術やナレッジの収集・啓蒙に日々取り組んでいます。

- どうすればパフォーマンスがユーザーやビジネスに与える影響の重要性をエンジニア全員の共通認識にできるのか
- どうすれば新たに開発される機能のパフォーマンス悪化を予防できるのか

こういった課題は、チーム文化やチームビルディング、メンバーの育成にも関わる難しい問題です。本章でここまでに紹介した継続的なパフォーマンス計測のしくみや改善のためのアプローチ以外にも、ひとりひとりの意識や習慣がアプリケーションのパフォーマンスに与える影響も非常に大きいものがあります。

そういった文化の醸成も目的に含めた「パフォーマンス組」の取り組みとして、先日社内でパフォーマンスチューニングハッカソンが開催されました。

- 社内でフロントエンドのパフォーマンスチューニングコンテストを開催した：
  https://tech.plaid.co.jp/frontend-performance-contest-in-plaid/

このような取り組みも参考にしながら、どうすれば開発チーム全体に継続的に高いパフォーマンスを維持するための文化や技術・ナレッジが定着できるのか、みなさんのチームや現場でもぜひ考えてみてください。

COLUMN

Vue 3のパフォーマンス関連トピック

Vue 3のリリースに伴う、パフォーマンス関連のトピックについていくつか紹介します。

Tree Shaking対応

transition、keep-aliveなどのビルドインコンポーネントは、どこからも参照されていない場合、Tree Shakingにより最終的なビルドファイルに含まれなくなります。これは、ビルドファイルサイズの縮小につながります。

Runtimeサイズの縮小

新しいRuntimeのサイズは約10KB（gzip圧縮後）になります。これはビルドファイルにサイズ縮小につながります。

動作の高速化

Virtual DOMやコンポーネントインスタンスの初期化などのロジックが改善し、大きな高速化が見込めます。

リアクティブなデータの監視最適化

Vue 2では、コンポーネントが参照するすべてのリアクティブなデータを、コンポーネントのインスタンスが生成されたタイミングで監視するようになっていました。リアクティブなデータのサイズが大きい場合、ページロード時にJavaScriptがメインスレッドを長時間占有する1つの原因になっていました。

Vue 3では、コンポーネントが最初にレンダリングする部分にひもづくリアクティブなデータのみが監視されるようになるため、ページロード時のJavaScriptの実行時間の短縮につながります。

Functional Componentの廃止

Vue 2でレンダリングパフォーマンスの改善のために、dataなどの内部状態を持たないFunctional Componentのしくみが存在していましたが、Vue 3では廃止されました。通常のコンポーネントとの性能差が目立たなくなったが大きな理由です。

Slotのレンダリングメカニズムの最適化

スロットのコンテンツが変更されたときは、親のコンポーネントのレンダリングはおこなわれなくなります。

また、親コンポーネントの再描画されたときは、slotのコンテンツが変化していない場合は、slotの再描画はおこなわれなくなります。

第7章

アプリケーションの提供範囲を広げる

より多くの人にサービスを使ってもらうには、良い機能を持ったサービスを開発することはもちろん大切です。しかし、言語や文化、使用しているデバイスや周辺環境、身体的特徴にかかわらず、分け隔てなくサービスを使える状態にできるようにすることで、より多くの人に価値を平等に伝えることができるかもしれません。

この章では、アプリケーションの国際化とアクセシビリティ対応について紹介していきます。

Vue.js

7-1 サービスの価値をより多くのユーザーに届けるために

突然ですが、あなたが開発しているアプリケーションは、世の中の誰でも使えるアプリケーションでしょうか。どの言語や文化的側面を持ったユーザーでも、さまざまなハンディキャップを抱えたユーザーでも使えるアプリケーションでしょうか。事業戦略やアプリケーションの性質によっては、初期段階からさまざまなユーザーが利用することを想定して開発することもあるでしょう。

一方、まずは一部のマーケットに絞ってアプリケーションを提供し、ユーザーが増えてきてからはじめて国外への提供範囲の拡大をはかるケースもあるかもしれません。B2Bのビジネスであれば、既存顧客とは別の業界の顧客へサービスを提供するという意思決定をすることもあるでしょう。また、プロダクトの公共性が増すにつれて、より「誰にでもかんたんに使える」ということを意識してプロダクトを開発する必要もでてきます。

本章では、開発初期の提供範囲とは異なる言語や文化に対してや、ハンディキャップを持った方に対してアプリケーションを提供できるようにすることを目的としています。そのためのさまざまな観点や、Vue.jsにおける実装手法について触れます。

「開発しているプロダクトにはまだ多くのユーザーはいないし、サポートする言語は今のままの言語だけで大丈夫だろう」と考えている方もいるでしょう。しかし、じつはすでにユーザーの中に日本語を読むことのできないユーザーがいる可能性もあります。もしくは、ハンディキャップを抱えていることによりアプリケーションを意図したとおりに使用することが困難なユーザーがいる可能性もあります。また、アプリケーション側の準備ができていないから、導入を見送っているクライアントがいる可能性もあるでしょう。

Webアクセシビリティに関しては、さまざまな国において、特に官公庁などの公的機関に対してさまざまな法律が定められています。また、近年、企業に対してもWebアクセシビリティの確保義務が求められるようになってきており、サービスの運営元とは別の国からの提訴の例もあるようです。

なお、日本においても「障害を理由とする差別の解消の推進に関する法律」[注1]が制定されています。それに基づき「障害を理由とする差別の解消の推進に関する基本方針」[注2]が作られています。この中で、「情報のアクセシビリティ」についても触れられており、重要事項として取り扱われています。

予算や期間に余裕があれば、開発の初期フェーズからこのようなことに対応できる場合もあります。しかし、特に予算の限られたプロジェクトやスタートアップのようにスピードを重視したプロジェクトにおいては、これらの対応の優先度を下げざるを得ない場合もあるでしょう。特にスタートアップは「崖

注1　https://www8.cao.go.jp/shougai/suishin/law_h25-65.html

注2　https://www8.cao.go.jp/shougai/suishin/sabekai/kihonhoushin/honbun.html

の上から飛び降りながら飛行機を作るようなもの」[注3]と例えられるように、優先度の高いものにスピーディーに対応しながらプロダクトマーケットフィットを達成する必要があります。そのため、それらの対応に時間をとられてプロダクトの開発が進まないようでは本末転倒です。プロダクトの運営ができなくなってしまっては、そもそもユーザーに価値を提供できなくなってしまいます。

サービスの提供範囲をどこまでどのように広げるのかは、事業戦略やプロダクトの性質と強くひもづきます。実装が提供範囲の拡大を阻害することのないように、開発に組み込んでいかなければなりません。

できることならば、世の中のありとあらゆるユーザーに分け隔てなくアプリケーションを使ってもらいたいものです。今まで着手できていなくても、遅くはありません。無理のない範囲で、良い方向にプロダクトを改善していきましょう。きっと既存のユーザーの体験も良くなるでしょう。

Vue.js 7-2 国際化(i18n、Internationalization)とVueI18n

ソフトウェアをほかの言語や地域に適応させる際に聞く言葉として、以下のような言葉があります。

- 国際化（i18n; internationalization）
- 地域化（l10n; localization）
- グローバル化（g11n; globalization）

それぞれどのような意味なのでしょうか。W3CのQ&Aのページには以下のように記載されています[注4]。

"Localization refers to the adaptation of a product, application or document content to meet the language, cultural and other requirements of a specific target market (a locale).
（中略）
Internationalization is the design and development of a product, application or document content that enables easy localization for target audiences that vary in culture, region, or language."

かんたんに言うと、l10nとi18nは以下のような言葉です。

注3　LinkedInの共同創業者であるReid Hoffmanの言葉 "Starting a company is like throwing yourself off the cliff and assembling an airplane on the way down," Reid Hoffman

注4　https://www.w3.org/International/questions/qa-i18n

- l10n：アプリケーション・コンテンツ・ドキュメントを、ある言語・地域・文化などに対応させること
- i18n：アプリケーション・コンテンツ・ドキュメントを、l10n可能な状態にできるように設計・開発すること

つまり、ソフトウェア開発においては、i18nにおいてさまざまな言語や地域に対応可能な状態にして、その実装を利用して実際に翻訳などのl10nに取り組むことになります。また、g11nについては、i18nの同義語として扱われることもありますし、i18nとl10nが満たされた状態のことを指すこともあります。

国際化というと、「単に翻訳をおこなえば良いのではないか」と想像する方もいらっしゃるでしょう。しかしながら、国際化によって考慮すべき点は、単に言語の翻訳だけではありません。文化圏による記号の意味の違いや、通貨や時刻の表示、時差の扱いなどについても考慮する必要があります。たとえば、日本語圏では「チェックマーク（✓）」は誤っていることを意味することがありますが、ヨーロッパの言語圏などでは正解であることを表します。別の国では別の意味を持つ記号を使った場合、意味が正しく伝わらないこともあるでしょう。また、言語によってはほかの言語よりも多くの文字数を使用するため、元の言語でデザインでは収まらないケースもあるでしょう。

さらには、日本語や英語のように左から右に書く言語（LTR; left-to-right）もあれば、アラビア語・ヘブライ語・シリア文字のように右から左に向かって書く言語（RTL; right-to-left）もあります。時には複数言語が混在して、両方向になるケースもあるでしょう（Bi-directionalと言います）。このようなケースには、画面が左右反転しても耐え得るように考慮してUIをデザインする必要があります。以下の例は、Google Mapsの同じ画面を日本語とアラビア語で表示したものです。UIが反転しているのがわかります。

日本語で表示したGoogle Mapsの例

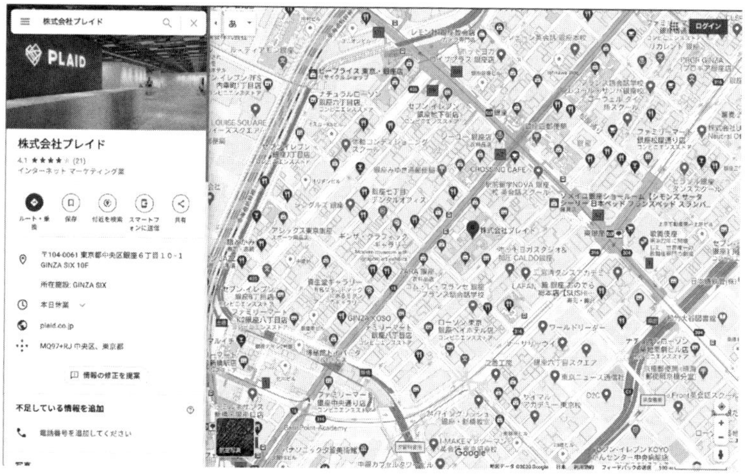

アラビア語で表示したGoogle Mapsの例

ここでは、著者らが所属する株式会社プレイドにおいておこなっているi18n対応の取り組みをもとに、Vue.jsで作られたアプリケーションの国際化について解説します。具体的な国際化の手法について解説する前に、まずはその目的など、事前に考えておくべき点について触れます。

国際化（i18n; Internationalization）の目的

実際にi18n対応に取り組む前に、まず、なぜアプリケーションを国際化対応するのかを認識しておきましょう。アプリケーションの規模によっては、すべてを国際化するコストは膨大なものになります。そのため、本当に国際化を必要としているのかどうかを見極める必要があります。優先度をつけて効果的に対応するためにも、「なぜ国際化対応をするのか」という目的を意識することは大切です。

場合によっては、アプリケーションをソースコードの中で直接翻訳するのではなく、WOVN.io（https://wovn.io/）などの翻訳サービスを利用してscript要素を入れ、自動翻訳を適用させる方法も良いでしょう。自動翻訳では不十分な箇所は手直しすることもできます。直接ソースコードを編集して翻訳をおこなうよりも、翻訳用のGUIがもとから提供されているため便利です。また、そもそもアプケーションが翻訳されていなくても、サービスのサポートなどの別の手段で解決できる問題の場合もあります。

それぞれのプロジェクトによって、多言語対応の要求が出てくるタイミングは異なるはずです。はじめから複数言語サポートを想定してサービス開発をするケースもありますし、プロジェクトの初期の段階では単一の言語（たとえば日本語のみ）のサポートを想定して開発をする場合もあります。前者の場合であろうと後者の場合であろうと、なぜ多言語・多文化対応を必要としているのかを確認することが大切です。また、多言語に対応することで開発チームやサポートチームにどのような影響があるか、などを事前に考慮し、しかるべきタイミングでi18nに取り組むと良いでしょう。

継続的な翻訳を目指すために

プロジェクトの国際化をおこなうと決めたとしても、ほかにも考慮しておくべき点があります。ソースコード上で多言語化のしくみを入れるi18nの対応をおこなったとしても、実際に文言が翻訳されるl10nの工程がおこなわれなければユーザーにとって意味はありません。特に、開発途中のアプリケーションで頻繁にUIの更新がおこなわれる場合は、正しくフローを組まなければ、開発の変更に翻訳作業が追随できなくなることは容易に想像できます。

以下のようなことをあらかじめ念頭に入れ、全体像を描いてから開発に進むとよいでしょう。

- 誰が情報設計に責任を持って元の言語での文言と翻訳後の文言を決めるのか
- 翻訳者は誰なのか
- i18nのしくみをソースコードに入れるのと同時に翻訳作業までおこなうのか

筆者が以前働いていた大規模なグローバル企業では、情報設計のチームや翻訳のチームがありました。そのチームに依頼してアプリケーション上で使われる言葉を情報設計の観点から考えてもらったり、翻訳対応などを依頼できました。開発チームはi18n対応されたコードを書き、まずは英語で開発をしておけば、翻訳についてはほかのチームに依頼できたのです。このような体制が整っている場合はそのフローに合わせられますが、そのようなケースは稀でしょう。特に単一の言語を前提に事業展開している場合、チームの状況に合った翻訳フローまで整えなければ、中途半端な対応になったりメンテナンスがされづらくなります。その結果、継続的な翻訳がおこなわれなくなってしまいます。

チームの中にどの程度特定言語以外の話者が存在するのか、ほかの言語や文化に興味がある人が存在するか、というチームのダイバーシティも開発に影響します。関心事にならないと、なかなか継続的に注意が向かないため、継続的にi18nに取り組むためのインプットをするしくみを作る必要がありそうです。

Vue.jsにおけるi18n対応の基本

それでは、Vue.jsのアプリケーションのi18nの手法について紹介していきましょう。Vue.jsにはVue I18nという国際化を実現するためのプラグインがあります。このプラグインを導入することで、アプリケーション上で使用する文言を変数化して、jsonやyamlなどの形式で保持できます。なお、ここでは言葉をまとめて保持したものを「リソース」、そのファイルを「リソースファイル」と呼ぶことにします。Vue I18nの導入方法は後ほど説明するとして、まずはかんたんな例を見ていきましょう。

以下のように文言が日本語のまま書かれたHTMLがあったとします。

[元のHTML]

```
<Button>保存</Button>
```

アプリケーション上でボタンのラベルに英語では"Save"、日本語の場合は「保存」という文言を使いたい時に、json形式で以下のように記述しておきます。余談ですが、vue-i18n-loaderのv2からはjson5の形式で記述でき、コメントを入力することもできるので、工夫次第ではリソース管理の際に便利です。

[リソース（json）]

```
{
  "en": {
    "message": {
      "save": "Save"
    }
  },
  "ja": {
    "message": {
      "save": "保存"
    }
  }
}
```

そのうえで、HTMLの「保存」と直接書かれていた部分を、以下のように`$t('save')`といった記法で参照します。`{{ }}`はVue.jsのデータバインディングのMustache記法です。

```
<Button>{{ $t('save') }}</Button>
```

このように記述すると、日本語／英語それぞれで閲覧したいユーザーに以下のようにレンダリングされます。

[日本語のレンダリング]

```
<Button>保存</Button>
```

[英語のレンダリング]

```
<Button>Save</Button>
```

なお、Nuxt.jsを使用している場合は、Vue I18nに関連した、nuxt-i18n（https://github.com/nuxtcommunity/nuxt-i18n）というプラグインがあります。

リソースの持ち方

先の例では、説明をシンプルにするために、どこにリソースを記述するのかの説明をしませんでした。Vue I18nを使用してVue.jsのコンポーネントをi18n対応する際には、リソースの持ち方として以下の3種類の方法があります。

- グローバル形式
- ローカル形式
- ハイブリット形式

グローバル形式

1つ目はグローバル形式と呼ばれる方法で、どのコンポーネントからも参照できるようにリソースファイルを持つ形式です。たとえば、プロジェクトの中にリソースファイルを配置するディレクトリを作成し、以下のように言語ごとにリソースファイルを持ちます。

- src/locales/ja/message.json
- src/locales/en/message.json

グローバル形式の利点は、すべての文言が1か所にまとまるため、アプリケーションのUI上で使用する共通の言葉を、1つの変数で統一して管理できる点にあります。一方で、その裏返しとして、画面数の多い大規模なアプリケーションの場合には、うまく設計しないとファイルが大きくなって文言の整理が困難になるケースもあります。

ローカル形式

2つ目はローカル形式と呼ばれる形式で、それぞれのSFC（Single File Component）の中にリソースを持ち、そのSFCの中だけでリソースを参照します。SFCの中に`<i18n></i18n>`要素を追加して、以下のような書き方ができます。

```
<template>
  <Button>{{ $t('save') }}</Button>
</template>

<script>
// ...
</script>
```

```
<i18n>
{
  "en": {
    "save": "Save"
  },
  "ja": {
    "save": "保存する"
  }
}
</i18n>

<style>
/* ... */
</style>
```

Vue I18nでは、vue-loaderのカスタムブロック[注5]の機能を活かして、SFC内に**<i18n>**という要素でリソースを定義できるように作られています。なお、この手法は、vue-i18n-loader[注6]を導入する必要があります。くわしいインストール方法は後ほど説明します。

ローカル形式のメリットには、SFCの中にHTMLとリソースの両方が含まれているため、文言の管理がしやすいことが挙げられるでしょう。一方で、デメリットとしては、アプリケーション全体から見るとリソースの管理がコンポーネントに分散するため、言葉をそろえたりするのが難しいという点があります。

ハイブリット形式

3つ目はグローバル形式とローカル形式を併用するハイブリット形式です。じつは、著者らが実際の開発でおこなったi18nのプロジェクトでは、はじめはグローバル形式でi18nを進めていました。しかし、リソースファイルの行数が膨らみ、管理が困難になりました。そこで、共通で使用するリソースはグローバル形式で定義し、それぞれの画面のみで使用するリソースはローカル形式でおこないました。

たとえば、「保存」「キャンセル」「閉じる」などは、アプリケーションのさまざまな箇所で使用する文言なので、グローバル形式で定義しました。一方、それぞれのコンポーネントだけで使用される詳細な説明のための文言などは、ローカル形式で定義するようにしました。

注5　https://vue-loader.vuejs.org/guide/custom-blocks.html

注6　https://github.com/intlify/vue-i18n-loader

Vue.js 7-3 Vue I18nの使い方

Vue I18nのインストールとwebpackの設定

Vue.jsのアプリケーションにVue I18nを導入する方法についてかんたんに触れておきます。いくつか方法はありますが、ここではnpmを使用した方法を紹介します。まず、Vue I18nをインストールします。Vue.jsのバージョンが2.x系の場合は、vue-i18nは8.x系を、3.x系の場合は9以降（執筆時点では、vue-i18n-next）を使用してください。

[Vue 2の場合]

```
$ npm install --save-dev vue-i18n
```

[Vue 3の場合]

```
$ npm install --save-dev vue-i18n@next
```

次に、`Vue.use()`を使ってvue-i18nプラグインを設定します。これは、Vueインスタンスを作る部分よりも前に書く必要があります。

[Vue 2の場合]

```
import Vue from 'vue'
import VueI18n from 'vue-i18n'

Vue.use(VueI18n)

const resources = {
  en: {
    message: {
      save: 'Save'
    }
  },
  ja: {
    message: {
      save: '保存'
    }
  }
}
```

```
↖

const i18n = VueI18n({
  locale: 'en',
  messages: resources
})

new Vue({
  i18n
}).$mount('#app')
```

[Vue 3の場合]

```
import { createApp } from 'vue'
import { createI18n } from 'vue-i18n'

app = createApp({
  // ...
})

const resources = {
  en: {
    message: {
      save: 'Save'
    }
  },
  ja: {
    message: {
      save: '保存'
    }
  }
}

const i18n = createI18n({
  locale: 'en',
  messages: resources
})

app.use(i18n)
```

以上のように設定すると、リソースファイルが読み込めます。先ほど説明した、ローカル形式で`<i18n></i18n>`要素を使用する場合には、vue-loaderを使用してカスタム要素を有効にし、vue-i18n-loaderを使用して、i18n要素を導入する必要があります。

```
$ npm install --save-dev vue-loader
$ npm install --save-dev @intlify/vue-i18n-loader@next
```

webpack.config.jsに以下のようにmodule定義を追記することで、i18nのカスタムブロックを使用できるようになります。

```
module.exports = {
  module: {
    rules: [
      {
        resourceQuery: /blockType=i18n/,
        type: 'javascript/auto',
        loader: '@intlify/vue-i18n-loader',
      }
    ]
  }
}
```

なお、Vue CLIを使った場合はvue.config.jsに設定を書く必要があります。より詳細な設定方法はvue-i18n-loaderのドキュメントを参照してください。

Vue I18nを便利にするエコシステム

Vue I18nには、それを取り巻くエコシステムとして、先に紹介したvue-i18n-loader以外にも、公式／サードパーティのものを含めていくつかのツールがあります。ここでは、より快適なi18n対応環境を用意するために、それらを紹介します。

vue-cli-plugin-i18n

- vue-cli-plugin-i18n：https://github.com/intlify/vue-cli-plugin-i18n

Vue CLIのプラグインを使用することで、vue-i18n-loaderの導入が簡素になり、リソースが存在しなかったり使用していないリソースのレポーティングをおこなえるようになります。Vue CLI-plugin-i18nを導入すると、vue.config.jsに以下のように記述することで、かんたんにVue I18nに関する設定ができます。

```
module.exports = {
  pluginOptions: {
    i18n: {
      locale: 'ja',
      fallbackLocale: 'en',
      localeDir: 'locales',
      enableInSFC: true
    }
  }
}
```

eslint-plugin-vue-i18n

- eslint-plugin-vue-i18n：https://github.com/intlify/eslint-plugin-vue-i18n

eslint-plugin-vue-i18nは、第5章で紹介したVue.js用のESLintのプラグインであるeslint-plugin-vueの、Vue I18n用の拡張です。Vue I18nに関連するさまざまなルールを追加でき、たとえば以下のようなlintのルールを追加できます。

- リソースに存在しないキーを$tなどで参照してしまった場合にその箇所を特定する
- HTMLの中に直接文言を記述している箇所を特定する

vue-i18n-extensions

- vue-i18n-extensions：https://github.com/intlify/vue-i18n-extensions

今までに説明したVue I18nのしくみは、フロントエンドでキーを元にリソースファイルを参照するしくみでした。この拡張を利用すると、サーバーサイドレンダリング（SSR）をおこなって、あらかじめ翻訳を当てたうえでレンダリングできるため、パフォーマンスの向上に役立ちます。

ソースコードを毎回確認してi18n対応がおこなわれているかを確認するのは、非常に手間がかかります。そこで、エディタでi18nに関わるさまざまな設定もしておくと便利です。特に、VSCodeにはVue I18nを使用する際に便利なさまざまなプラグインが公開されています。適宜インストールしておくと、よりスムーズな開発や翻訳状況の把握ができるでしょう。翻訳状況の可視化にも役立つため、翻訳フローを強化するツールとしても活用できます。

i18n Ally

- i18n Ally：https://marketplace.visualstudio.com/items?itemName=lokalise.i18n-ally

エディタ上でi18nの対応をしていると、変数がどのような値（リソース）に対応しているのかがわかりづらいことがあります。i18n Allyを導入すると、それを補完してくれるため、リソースファイルとの対応の見通しが良くなります。また、言語ごとにどの程度翻訳対応が進んでいるかをパーセンテージで表示してくれる機能もあり、状況の可視化に役立ちます。

Vetur

- Vetur：https://vuejs.github.io/vetur/

Syntax highlightingやlintなど、エディタの機能を拡充するVeturも、Vue I18nをサポートしています。こちらもインストールしておくと良いでしょう。

Vue I18nの具体的な使用方法

それでは次に、実際のVue.jsのアプリケーションを国際化する際のVue I18nの使い方をかんたんに紹介します。

フォーマット

文章の中に、一部だけ変数化した別の言葉を当てはめたいケースを考えます。たとえば、次のように記述したい場合です。

- 日本語：「こんにちは、<名前>さん」
- 英語："Hello, <name>"

その場合、以下のように記述することで多言語化を実現できます。

[html]

```
<p>{{ $t('message.hello', [name]) }}</p>
```

[json]

```
"en": {
  "message": {
    "hello": "Hello, {0}"
  }
},
"ja": {
  "message": {
    "hello": "こんにちは、{0}さん"
  }
}
```

複数形に対応する

複数形が存在する言語をサポートする場合、それらに対応したいこともあるでしょう。たとえば、英語で商品数などを表示する際に、「No items」「an item」「5 items」などと表示したい場合があるとします。その場合、Vue I18nの機能を使ってリソースを以下のように書くことができます。

[json]

```
"en": {
  "item": 'no items | an item | {0} items'
},
"ja": {
  "item": '{0} 個'
}
```

そのうえで、$tc()を使用して第一引数にkey、第二引数に数字を以下のように記述します。

[html]

```
<p>{{ $tc('item', 0) }}</p>
```

出力結果は以下のとおりです。

[html]

```
<p>no items</p>
```

第二引数に別の数字を入れた例も見ていきましょう。(1)のように記述した場合、英語では(2)のように、リソースに定義した2つ目の「an item」が表示されます。

[(1)htmlの記述]

```
<p>{{ $tc('item', 1) }}</p>
```

[(2)出力結果]

```
<p>an item</p>
```

さらに、第二引数に5を入れてみましょう。

[htmlの記述]

```
<p>{{ $tc('item', 5) }}</p>
```

[出力結果]

```
<p>5 items</p>
```

別のルールの言語の場合、カスタムで作ることもできます。くわしくは以下をご覧ください。

- https://vue-i18n-next.intlify.dev/guide/essentials/pluralization.html#custom-pluralization

日付

日付の表示は各国によって異なるため、これについても対応が必要です。日付のフォーマットについては、Vue I18nプラグインをVueインスタンスに読み込む際に、以下のように定義できます。

[Vue 3.0]

```
import { createI18n } from 'vue-i18n';

const i18n = new VueI18n({
  datetimeFormats: {
    'en-US': {
      short: {
        year: 'numeric',
        month: 'short',
        day: 'numeric'
      },
      long: {
        year: 'numeric',
        month: 'long',
        day: 'numeric',
        weekday: 'long',
        hour: 'numeric',
        minute: 'numeric'
      }
    },
    'ja-JP': {
      short: {
        year: 'numeric',
        month: 'short',
        day: 'numeric'
      },
      long: {
        year: 'numeric',
        month: 'long',
        day: 'numeric',
        weekday: 'long',
        hour: 'numeric',
        minute: 'numeric',
        hour12: true
      }
    }
  }
})
```

datetimeの定義は、ES2015の「DateTimeFormat」[注7]で定義されているフォーマットを使用できます。Vueコンポーネントのtemplate側では、以下のように記述すると、指定したフォーマットで出力できます。

[htmlの記述]

```
<p>{{ $d(new Date(), 'short' )}}</p>
<p>{{ $d(new Date(), 'long' )}}</p>
<p>{{ $d(new Date(), 'short', 'ja-JP' )}}</p>
<p>{{ $d(new Date(), 'long', 'ja-JP' )}}</p>
```

出力結果は以下のようになります。

[出力結果]

```
<p>Jan 23, 2021</p>
<p>Sunday, January 23, 2021, 8:00 AM</p>
<p>2021年1月23日</p>
<p>2021年1月23日日曜日 午前8:00</p>
```

7-4 i18n対応が複雑になるケースに対応する

ここまでで、Vue I18nのかんたんな使い方を紹介しました。以上の例はシンプルなものだったので、i18n未対応のアプリケーションに後からi18n対応したとしても、あまり苦労はしないでしょう。しかしながら、実際のアプリケーションは、事前に考慮していないとi18n対応が困難なケースもあります。特に状態管理やmixinなど、設計に関わるような箇所に特定言語の文言が含まれていると、i18nに取り組むうえでの妨げになる可能性が高いです。

ここからは、Vue.jsにおけるアプリケーション開発の中で、i18n対応が困難になる原因を挙げ、それらの対応策を考えていきます。

注7　http://www.ecma-international.org/ecma-402/2.0/#sec-intl-datetimeformat-constructor

storeには文言を持たずに、リソースのキーのみを持つ

Vue.jsのアプリケーションにおいて、Vuexなどの状態管理をおこなうstoreを使用しているケースは多いでしょう（状態管理に関する詳細は第2章を参照）。Vue I18nは、コンポーネントに対するi18nに対応したプラグインです。したがって、storeへの対応はVue I18nだけではできません。Vue I18nを使ってi18n対応をおこなう場合、storeのレイヤーに特定言語の文言が入っていると、対応がやや困難になります。別のツールを使用して直接storeをi18n対応することも可能ではありますが、対応やリソースそのものが分散したりするため、あまりおすすめできません。

このようなケースで、i18n対応が難しくなる例を見ていきましょう。たとえば、「保存」というボタンのラベルの表示を、サーバーにリクエストをおこなって返ってくるまでの間は「保存中」に変えたい場合を考えます。

[html]

```
<button>{{ saveState }}</button>
```

[computedでstoreのラベルを取得]

```
computed: {
  saveState () {
    return this.$store.state.saveButtonLabel
  }
}
```

[storeのstateに文言を保持した場合]

```
mutations: {
  setSaveButtonLabel (state, isSaving) {
    state.saveButtonLabel = isSaving ? '保存中...' : '保存する';
  },
  ...
}
```

このような場合、文言がstoreの中にあるため、i18n対応がしづらくなります。解決方法としてはいくつか考えられますが、以下のような方法がよいでしょう。

(1) そもそも構造がシンプルな場合は、Vueコンポーネントの中だけで処理してしまう
(2) 以下のようにstoreで持つのはリソースのkeyのみにして、Vueコンポーネント上で翻訳処理をおこなう

[コンポーネントのテンプレート側]

```
<!-- $t()の引数として、キーを渡す -->
<button>{{ $t(saveState) }}</button>
```

[storeに文言ではなくリソースのkeyを持つ]

```
mutations: {
  setSaveButtonLabel (state, isSaving) {
    state.saveButtonLabel = isSaving ? 'saving' : 'save';
  },
  ...
}
```

上記のようなstoreを用意して、リソースのkeyの文字列をsaveStateに保持します。そのkeyの文字列をVueコンポーネントのview側で**$t()**に渡して翻訳をおこないます。ちなみに、用意するリソースは以下のとおりです。

```
{
  "en": {
    "saving": "Saving...",
    "save": "Save"
  },
  "ja": {
    "saving":  "保存中...",
    "save": "保存”
  }
}
```

文言を含んだmixinの多用を避ける

Vueコンポーネントは、mixinを使ってその機能を拡張できます[注8]。一見便利な機能ですが、上手に使用しないと、i18n対応が難しくなることがあります。

まず、先に紹介したstoreにおけるパターンと似ていますが、mixin側に特定言語の文言があった場合、mixin側にはkeyを保持しておく必要があります。ここで忘れてはいけないのは、mixinは再利用できるため、1つのコンポーネントからではなく、別のコンポーネントからも使用されることがある点です。

Vue I18nでは、各コンポーネントのtemplateやscript内で翻訳をおこなうので、リソースへの参照は各コンポーネントでそれぞれおこなう必要があります。そのため、文言が含む部分はmixin化するのを止め、コンポーネント化してそれを再利用できるようにするといった対策を取るとよいでしょう。そ

注8　https://jp.vuejs.org/v2/guide/mixins.html

れもmixinが再利用される頻度や文言の複雑性などによるので、メンテナンスコストを考えるうえで個別に判断していく必要がありそうです。

なお、Vue I18nとは別のi18nのしくみを追加で導入して、mixinに対してもi18nのしくみを直接導入することもできます。しかし、複数のツールに対するリソースの管理が複雑になりやすいため、あまりおすすめはしません。

語順に依存するUIの多用を避ける

Vue.jsだけに限りませんが、語順に依存したUIを定義することも、i18nの対応を難しくする原因になります。ある程度の語順の違いに対する対応は、前述したFormattingを使用して解決できます。しかし、UIが複雑なものになればなるほど対応のコストが高まります。たとえば、以下のような語順に依存するUIがあったとします。

- n個のアイテムを注文する
- I'd like to order n items.

この場合、語順の調整に加え、複数形への対応が必要になります。これを以下のような表示にデザインを調整すると、i18nの対応は非常に簡易になります。

- 個数：n
- Number of items: n

もちろん、ユーザーにとって理解しやすく使いやすいUIを実現することは大切なので、必ずしも語順に依存したUIを作ってはいけない、というわけではありません。アプリケーションのi18n対応の優先度やコストなどのバランスを考えて、デザインすると良いでしょう。もし語順に依存していたとしても、Vue I18nのさまざまな機能を駆使して、UIのi18nを実現することは可能です。

7-5 翻訳フローをつくる

継続的翻訳フローに必要な観点

ここまでで、Vue.jsにおけるi18n対応の具体的な方法や、できれば事前に避けておくべきいくつかのパターンについて紹介しました。それでは、ひととおりアプリケーションのi18n対応が完了すれば、別の言語や文化への対応は完了でしょうか。

じつは、それだけではありません。本章の冒頭でも触れたとおり、継続的に開発を機能追加や改良をおこなっていくような場合は、継続的なi18n対応や翻訳のメンテナンスについて考えておかなければなりません。近年のプロダクト開発では、日々何度も本番環境にデプロイをおこなうようなプロジェクトも珍しくないでしょう。そのようなデプロイを実現する継続的デリバリーのフローとあわせて、継続的翻訳フローも整備しなければなりません。つまり、ソースコードが変更された際に以下の2点が満たされているかを検知し、適宜対応できるようなフローが組めるとよさそうです。

(1) アプリケーションのi18n対応ができている
(2) リソースファイルに対応言語の文言が追加されている（翻訳されている）

(1) が満たされていない状況は、Vueコンポーネントの中に直接文言が入力されているケース、つまり、template内の各要素のinnerHTMLに直接文言が指定されていたり、scriptの中で直接文言が扱われているケースが考えられそうです。

一方、(1) が満たされているものの、(2) が満たされていない状況とはどういった状況でしょうか。たとえば、英語と日本語をサポートしているアプリケーションの開発において、開発者が日本語だけでのリリースを優先して、以下のように英語のリソースは空のままcommitしたとします。

```
{
  "ja": {
    "account": "アカウント名",
    "accountDescription": "名前を入力してください",
    "birthday": "誕生日"
  },
  "en": {
  }
}
```

このような状況が放置され続けると、次々と未翻訳の箇所が出てくるため、(2) が満たされていない状況になってきます。

では、少しでもi18n対応や翻訳対応がされていなかったら、常に警告するようにCI側で設定するべきでしょうか。もしそのような設定をした場合、開発者が常に翻訳のことを考え続けなければならず、開発のスピードは落ちてしまうでしょう。そこで、以下の3点を整理したうえで、フローを考えておくことが必要そうです。

- プロダクトのリリースに伴う翻訳の優先度を決める
- 翻訳作業を誰がおこなうか
- どのタイミング・頻度で翻訳をおこなうか

具体例からフローを考えてみる

1つの例として、以下のような状況設定でフローを考えてみましょう。

【あるプロジェクトにおける多言語化への要求】

- 今までは日本語のみを正式にサポートしてきたが、英語での提供を始めたい
- 現時点で英語は公式にサポートしていないが、一部のユーザーにテストしてもらっている
- 英語への翻訳は遅れても良いが、できるだけスピーディーに英語に翻訳されたものもリリースしたい
- 開発者は機能開発に集中して、翻訳は外部の翻訳者に依頼できるようにしたい
- 翻訳した後は社員の誰かがチェックできるようにしたい
- 翻訳者はソースコードを直接触ることはできない

このようなプロジェクトの場合、まず開発者がi18n対応はおこなうものの、英語への翻訳はせず、先ほどのような英語が空のままの文言リソースをcommitすることを許容する必要があります。しかし、その先のどこかで外部の翻訳者にまとめて翻訳を依頼して、レビューなどもおこなうことができるようにフローを整備する必要もあります。しかも翻訳者は、ソースコードを直接編集できないことが多いでしょう。このようなワークフローも、工夫は必要ですが、Vue I18nの周辺技術を活用して実現できます。

以下の図は、上記のような要求を元に作ったワークフローのアイデアの一例を表したものです。

[翻訳フローの例]

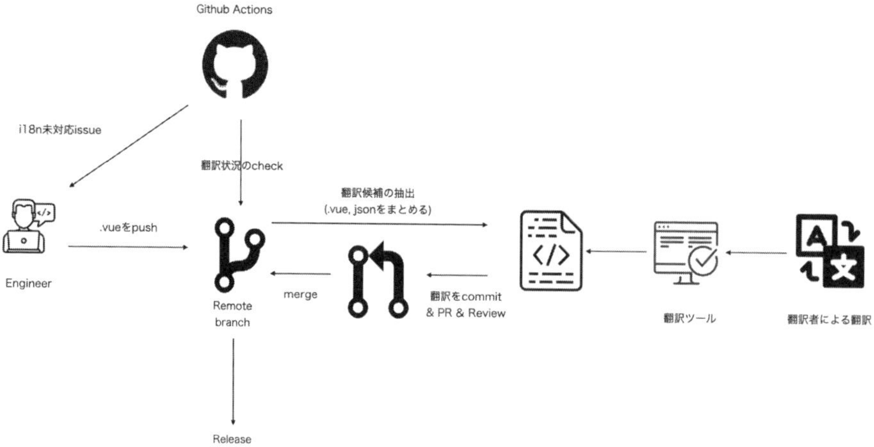

開発者は、i18n対応済みだが翻訳対応は不完全な状態のSFC（.vueファイル）をdevelop branchにcommitします。SFCの中のリソースやグローバル形式のリソースファイルから文言を抽出して、何らかの翻訳用のGUIを持ったサービスにimportできれば、翻訳者が翻訳できます。翻訳用のGUIを提供

しているサービスには、以下のようなものがあります。

- POEditor：http://poeditor.com/
- Crowdin：https://crowdin.com/
- Transifex：https://www.transifex.com/

翻訳業者によっては、xliff形式[注9]でexportすれば翻訳対応してもらえる、という場合もあるでしょう。

.vueファイルの中から<i18n>の中身を抽出するには、vue-i18n-locale-messageというツールがあるので、こちらを使用すると便利でしょう。

- vue-i18n-locale-message：https://github.com/intlify/vue-i18n-locale-message

翻訳者が翻訳をしたタイミングで、何らかのトリガーをもとにPull Requestが作られるようにします。これをレビューし、開発用のブランチにマージすれば、i18n及び翻訳対応の一連の流れが完結します。

しかし、開発者がi18n対応をすべてのページでおこなっているかチェックする必要もありそうです。そのため、本章でも紹介したeslint-plugin-vue-i18nなどで未対応部分を検知すると良いでしょう。GitHub Actionsなどを使用して、プロジェクトの優先度に合わせた頻度で通知するのも良さそうです。

また、翻訳対象の文言をただ翻訳者に渡すだけでは、内容が理解できずに本来意図したものとは異なる意味で翻訳されてしまう可能性があります。技術的な内容からは逸れますが、サービスの説明をしたり、開発しているサービスのテストアカウントを発行して実際に使用してもらったり、翻訳対象の文言に画面キャプチャを添えたりして、できるだけ翻訳における「コンテキスト」を伝えると、翻訳する際の助けになるでしょう。

なお、著者らが所属する株式会社プレイドにおいても、(まだ道半ばではありますが) 似たような条件設定で翻訳フローを作りました。くわしい内容については、こちらの記事をご覧ください。

- GitHub Actionsを使って継続的ローカライゼーションをスクラッチから構築した話：
  https://tech.plaid.co.jp/continuous-localization/

COLUMN

コラム　i18nに関する参考資料

Vue.jsで書かれたアプリケーションの国際化についての説明は以上となります。ここでは触れられていない観点もたくさんあります。実際に取り組む際には、以下のサイトや書籍なども併せて参考にす

注9　http://www.oasis-open.org/committees/xliff/documents/cs-xliff-core-1.1-20031031.htm

るとよいでしょう。

- Vue I18n公式ページ：https://github.com/intlify/vue-i18n-next
- ソフトウェアグローバリゼーション入門（西野竜太郎著／インプレス）
- 国際化プログラミング—I18Nハンドブック（清兼義弘・末広陽一著／共立出版）
- W3C Internationalization(i18n): https://www.w3.org/International/
- Java国際化プログラミング（Andrew Deitsch, David Czarnecki著、風間一洋訳／オライリー・ジャパン）
- Google i18n：https://developers.google.com/international/
- Apple i18n：https://developer.apple.com/internationalization/
- MS i18n：https://docs.microsoft.com/ja-jp/globalization/software-internationalization
- 多言語・多文化を念頭に置いたデザイン。世界中のユーザーのために、より良い製品作りを by Dropbox：https://navi.dropbox.jp/design-for-internationalization

7-6 アクセシビリティ（a11y; Accessibility）

アクセシビリティとそのガイドライン

Webにおける「アクセシビリティ」と聞いてどのようなことを思い浮かべるでしょうか。ハンディキャップを持った方でも情報にアクセスできるようにすること、というイメージでしょうか。それだけではありません。

近年では、デバイスの種類が多様化しており、ユーザーはさまざまな環境下でWebサービスを利用しています。たとえば、屋外で日差しが強い環境であったり、低い性能のディスプレイを使用していた場合は、コントラスト比が低いと見えづらい場合があります。また、日本においては高齢者のインターネット利用率が拡大しており、そういったことも念頭に置いておくとよいでしょう。アクセシビリティを高めることは、障がい者のためだけではなく、ありとあらゆるユーザーのユーザビリティを高めることにつながりそうです。

アクセシビリティ関連のサイトやさまざまな講演でも引用されています。W3Cのアクセシビリティに関するページには、Tim Berners-Leeによるこのような言葉が書かれています。

"The power of the Web is in its universality. Access by everyone regardless of disability is an essential aspect."（Webの力はその普遍性にある。障害の有無に関わらずすべての人からアクセスでき

ることが、その本質的側面である。）[注10]

Webが持っている本来の力を活かして、開発しているサービスのアクセシビリティを高めていきましょう。

とはいえ、Webアクセシビリティは大きなトピックのため、ここですべての観点を紹介することはできません。本書以外にも、さまざまな団体が整備したガイドラインを参照すると良いでしょう。Webそのものについては、W3Cの分科会であるWeb Accessibility Initiative（WAI）により、WAI-ARIAやWAI-WCAGなどのガイドラインが整備されています。また、日本においては「高齢者・障害者等配慮設計指針－情報通信における機器、ソフトウェア及びサービス － 第3部：ウェブコンテンツ」という名称で、JIS X 8341-3として標準化されています。

本書で取り扱っているVue.jsは、DOMをデータの変更に応じて操作し得るリアクティブ性を持ったものです。jQueryなどにも言えることですが、こういったDOMの操作によって、アクセシビリティに影響を与えることもあります。ここでは、それらを中心に、アクセシビリティに関する考慮点について触れます。

COLUMN

コラム　JIS X 8341・WCAG

「JIS X8341 高齢者・障害者等配慮設計指針－情報通信における機器、ソフトウェア及びサービス」では、現在のところ以下の規格が制定されています（8341=「やさしい」です）。

- 第1部：共通指針
- 第2部：パーソナルコンピュータ
- 第3部：ウェブコンテンツ
- 第4部：電気通信機器
- 第5部：事務機器
- 第6部：対話ソフトウェア
- 第7部：アクセシビリティ設定

このうち第3部がWebのコンテンツに関わる内容になっていますが、国や地方公共団体は、買い入れるものの仕様を定める時にJISを尊重しなければならないという法律（工業標準化法第67条）があるため、JISで定められていることはインパクトが大きいです。国や公共団体へ提供する場合、このような対応が必須になってくる場合があります。

一方、WCAG（Web-Content Accessibility Guideline）はW3CのWAI（Web Accessibility

注10　https://www.w3.org/standards/webdesign/accessibility

Initiative）という組織がガイドラインとして制定したものです。1995年に1.0、2008年に2.0、2018年に2.1が勧告されています。JIS X8341に関しても、これとの整合性を保つようにして、2010年、2016年に改正されています。

それぞれアクセシビリティ基準を設けていて、要件が項目として列挙されています。各種アクセシビリティのチェックツールは、WCAGの達成基準をチェックしているケースが多いです。

Webにおけるアクセシビリティの考慮点

Vue.jsの話題に入る前に、まずWebにおけるアクセシビリティに関する考慮点を紹介します。ユーザーがアプリケーションを使用する際に障壁となり得る要素はどういったものでしょうか。

技術進歩によってブラウザを通してできることも増えてきていますが、Webにおける情報のインプットとしては、五感の中でも視覚と聴覚が中心です。アプリケーションによっては、「見づらい」「聴きづらい」といった問題が起きるでしょう。たとえば、色覚多様性（CUDOの分類では、5種類の分類があります）によって見え方が人によって異なる可能性があります。人やその環境によっては、コントラスト比が低いことにより、色を識別できなかったりします。

提供されている情報によっては、「わかりづらい」といった問題も起きるでしょう。また、ユーザーはキーボードやマウス、トラックパッドといったデバイスを使用して、何らかの操作をおこないます。マイクやカメラを使って音声や動作によって入力や操作をおこなうこともあるでしょう。こういった点に関しては、「操作しづらい」「入力しづらい」といった問題が起きる可能性があります。「操作しづらい」という観点における対応の代表的な例としては、マウスやトラックパッドの使用を前提とせず、すべての操作をキーボードのみでおこなえるようにする、といったものがあります。

このような、「見づらい」「聞きづらい」「わかりづらい」「操作しづらい」「入力しづらい」といったアプリケーションを使ううえでの障壁となる問題は、アクセシビリティの観点での考慮点になります。

視覚障がい者の方がWebサイトを閲覧するときは、スクリーンリーダーや音声ブラウザといった音声を読み上げるツールを使用したり、点字ディスプレイとスクリーンリーダーを組み合わせて点字を使用して内容を把握したりします。代表的なツールを挙げておきます。

- NVDA（https://www.nvda.jp/）：Windows向けのスクリーンリーダー
- JAWS（https://www.freedomscientific.com/products/software/jaws/）：Windows向けのスクリーンリーダー
- VoiceOver：MacOS、iOS標準のスクリーンリーダー
- ChromeVox（https://www.chromevox.com/）：ブラウザに表示された内容を読み上げるChrome extension
- ホームページ・リーダー：音声ブラウザ

スクリーンリーダーを使用しているユーザーから見ると、HTML要素が持つ本来の意味どおりに要素が使用されていないと、画面全体の構成がわかりづらかったりうまく操作ができなくなったりします。したがって、セマンティックHTMLを使用して意味が伝わるように書く必要があります。また、正しく記述されていても、追加情報を付与してアクセシビリティを向上したい場合もあるでしょう。それらを補助する方法として、WAI-ARIAがあります。

WAI-ARIA role

HTMLのセマンティクスに沿って要素を使用することで、一定のアクセシビリティを確保できます。しかし、たとえばHTMLのセマンティクスに則ってthやtdを使わずにdivのみを使ってテーブルを構成した場合、スクリーンリーダーではうまく読み取ることができません。しかし、WAI-ARIAのrole属性を使って以下のように記述することで、スクリーンリーダーでテーブルを読むときに解読可能になります。

[WAI-ARIA roleの使用例] 注11

```
<div role="table" aria-label="意味論的な表の要素" aria-describedby="semantic_table_desc">
  <div id="semantic_table_desc">ARIA の table ロールの代わりに使用する意味論的な要素</div>
  <div role="rowgroup">
     <div role="row">
       <span role="columnheader">ARIA の table ロール</span>
       <span role="columnheader">意味論的な要素</span>
     </div>
   </div>
   <div role="rowgroup">
    <div role="row">
       <span role="cell">table</span>
       <span role="cell">table</span>
    </div>
    <div role="row">
      <span role="cell">rowgroup</span>
      <span role="cell">thead, tbody, or tfoot </span>
    </div>
  </div>
</div>
```

注11　https://developer.mozilla.org/ja/docs/Web/Accessibility/ARIA/Roles/Table_Role

Vue.js 7-7 Vue.jsにおけるアクセシビリティ

実装上におけるアクセシビリティの観点

HTMLのセマンティクスを活用する

アクセシビリティの観点では、Vueコンポーネント単位でroleやstateを定義することを考えると、対応がしやすいでしょう。しかし一方で、WAI-ARIAのみに頼りすぎるのも問題です。

筆者の観測範囲では、HTMLのコーディング段階で、divを使ってそこにスタイルを当てているケースをよく見かけます。たとえば素直にボタンは`<button>`タグを使うのが、アクセシビリティの観点では良さそうに思えます。そのうえで、必要な場合にWAI-ARIAを使用して表現していくほうが、対応は楽になりそうです。

データバインディングの影響を考慮する

Vue.jsを使用していると、データバインディングのしくみを使って動的に値が更新されるアプリケーションを書いている場合が多いでしょう。その場合、表示と合わせてアクセシビリティを実現する各種要素の値も更新されるように考慮すべきです。WAI-ARIAのroleやpropertyなどもv-bindでバインドするとよいでしょう。

コンポーネント実装時の注意点

Vueの親コンポーネントから子コンポーネントにpropsで情報を渡す場合も、同じように注意が必要です。propsの値によって子コンポーネントで表示する値に変更が生じる場合、WAI-ARIAのroleやpropertyなどの情報もあわせて渡すか、子コンポーネント側で参照できるようにする必要があります。

ローディング中の場合は、aria-busyを使う

データを読み込む際に、Vueのコンポーネントでローディング中を表すコンポーネントを定義することがあるでしょう。具体的には、以下のようにしてLoading中の場合のみ`aria-busy="true"`を付与してbusy状態であることを伝えます。

```
<Loading v-if="isLoading" aria-busy="true" />
<DataTable else />
```

アクセシビリティ対応状況の可視化

アクセシビリティの対応状況を把握するためのツールは多数公開されています。たとえば、Google ChromeのDeveloper Tools上で動くLighthouseには、アクセシビリティのチェック機能があります。

- Lighthouse：https://developers.google.com/web/tools/lighthouse/

"Accessibility"にチェックを入れてレポートの作成ボタンを押すことで、達成の度合いや修正すべき項目が表示されます。

[lighthouse（レポート生成前）]

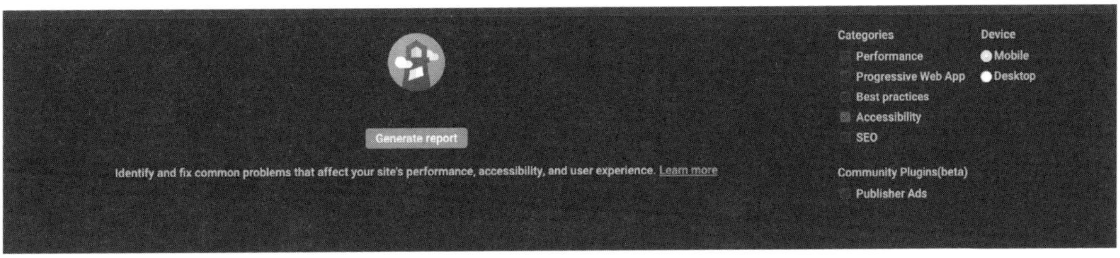

[lighthouseのアクセシビリティレポート]

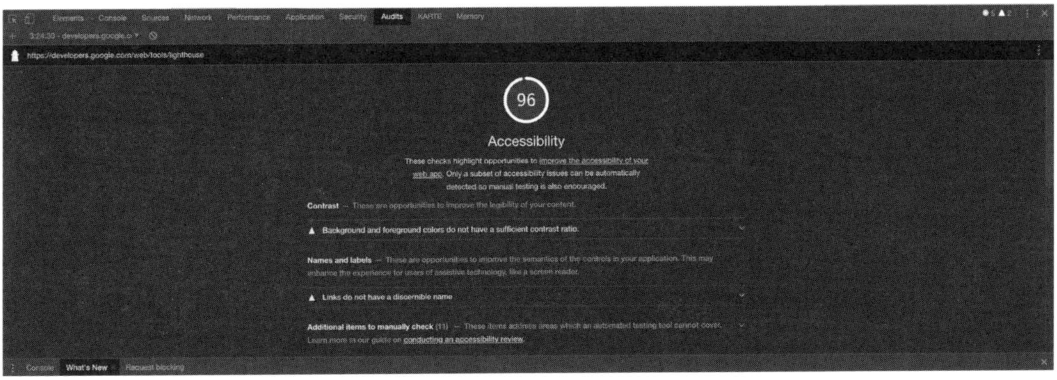

また、Vue.js専用のチェックツールも存在します。Vue Axeは、Vueのプラグインとして動くチェックツールです。

- Vue Axe：https://axe.vue-a11y.com/

以下のように設定することで、rules内に設定した項目についての修正項目があれば、console上に表示されます。

```
import Vue from 'vue'
import VueAxe from 'vue-axe'

Vue.use(VueAxe, {
  config: {
    rules: [
      { id: 'heading-order', enabled: true },
      { id: 'label-title-only', enabled: true }
    ]
  }
})
```

Vue Axeでconsole上に表示された修正項目

このようにして、自分で作ったアプリケーションがどのような点においてアクセシビリティに欠けているかを把握しておくと良いでしょう。

Vue.jsのアクセシビリティ対応に関する現状

Vue.jsに関するアクセシビリティの情報は、v2においてはガイド[注12]が存在するだけで、あまり充実しているとは言えませんでした（PRの状態のドキュメント[注13]が存在していますが、mergeされずにしばらく時間が経過しています）。

しかし、Vue 3のドキュメントにはアクセシビリティの項目が追加され、基本的な事項について記述されています。

- Vue 3のアクセシビリティの項目：https://v3.vuejs.org/guide/a11y-basics.html

Vue A11y Utils[注14]というユーティリティは、2つの大きな機能があります。このUtilの中には、`<VueAria>`というコンポーネントが含まれており、propsで`aria`というaria-*属性を入れたobjectを渡

注12 https://github.com/callumacrae/vuejs.org/blob/a11y-docs/src/v2/guide/accessibility.md

注13 https://github.com/vuejs/vuejs.org/pull/1002

注14 https://jiongks.name/vue-a11y-utils/

すことで、その配下の要素にaria-*を追加できます。また、tabindexをpropsで渡すことにより、配下の要素にtabindexの属性を渡すことができます。これを活用することで、tabキーを使って適切にナビゲーションできます。

- Vue A11y：https://jiongks.name/vue-a11y-utils/

また、「Vue A11y」というコミュニティが立ち上がり、サイトも開設されています。このサイトには、a11yに関するツールやさまざまな知見がまとめられています。本書の執筆時点では、まだ多くの情報はありませんが、今後活発化していくことを期待しています。

COLUMN

コラム　アクセシビリティに関する参考情報

- W3C Web Accessibility Initiative(WAI): https://www.w3.org/WAI/
- WAI-ARIA(W3C-Recommendation): https://momdo.github.io/wai-aria-1.1/
- Web Content Accessibility Guidelines（WCAG）：
  - WCAG2.1: https://www.w3.org/TR/WCAG21/
    - 達成方法集：https://waic.jp/news/20201027/
  - WCAG2.2（draft）：https://www.w3.org/TR/WCAG22/
- https://blog.mears.dev/getting_started_with_accessibility_in_vue/
- Webアクセシビリティ完全ガイド（アライド・ブレインズ編／日経BP社）
- コーディングWebアクセシビリティ（Heydon Pickering著／ボーンデジタル）

第8章

川口和也氏に聞く「エコシステムの活用と貢献」～特別インタビュー

「エコシステムの活用と貢献」をテーマとして、Vue.jsのコミュニティの代表、かつOSSのVue I18n の開発者で、我々の会社の同僚でもある川口和也(kazupon)さんにお話を聞いてみたいと思います。

— 取材：韓徹
— インタビュイー：川口和也(kazupon)

(左)韓徹、(右)川口氏

――まずは自己紹介からお願いします。

kazupon：川口和也と申します。社内やネット上ではkazuponと呼ばれています。Vue.jsの日本のユーザーグループの代表を務め、Vue.jsのコアチームメンバーとしてVue.jsまわりのOSSを開発しています。Vue I18nというVue.js向けの国際化対応ライブラリの開発やメンテナンスをしています。

- Vue.js日本ユーザーグループ：https://vuejs-jp.org/

――kazuponさんがPLAIDの入社したきっかけは何でしょうか？

kazupon：PLAIDに入社するきっかけになったのは、まずは、Vue.jsのコミュニティ活動のなかで野田さん（PLAID、本書の著者の1人）との出会いですね。その後、意気投合してVue.js 公式ドキュメントを翻訳したり勉強会といったコミュニティ活動を一緒にしていきました。入社する前の2018年頃は、自分自身のキャリアや業界の立ち位置も考え始めた頃でした。前職では、CTOという形で技術選定やプロダクト開発をおこなっていましたが、それとは違う方向にキャリアを進めたいと思っていました。Vue.jsのバージョン2.0がリリースされたころに、コアチームメンバーの1人のEvan You氏が、おそらくOSS業界で初めてクラウドファンド形式でOSS開発をしていて、それに影響を受けたこともきっかけの1つですね。

そのころのJavaScriptエコシステムでは、Nuxt.jsなどが登場して、ライブラリなどが固まりつつありました。そのエコシステムの中でVue I18nを開発していたのですが、今後の課題はプロダクトの国際化対応（Internationalization、I18n）だと認識し始めていて、この課題解決に貢献することを次の主軸にしようと思っていたところ、野田さんから声をかけていただきました。

——PLAIDや「KARTE」の課題とkazuponさんのやりたい課題解決がマッチしたということですね。

kazupon：まさにそうですね。

- Vue I18n：https://kazupon.github.io/vue-i18n/

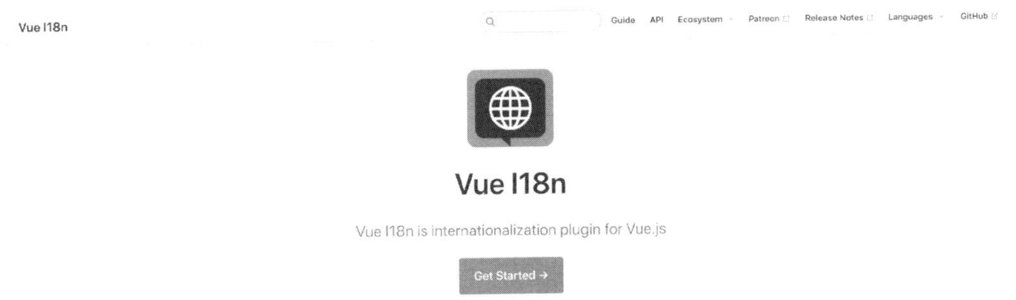

Vue I18nを開発したきっかけ

——ありがとうございます。まずはkazuponさんが開発したOSSについて深堀りしたいと思います。そもそもVue I18nを開発したきっかけは何でしょうか？

kazupon：Vue I18nを作ったのは前職の時です。当時Vue.jsを採用したときは、Vue.jsがリリースされたばかりで、まだバージョン1.0にもなっていないときでした。バックエンドで使っていたRailsにはRails I18nというOSSがあって、すでに国際化対応ができるようになっていましたが、Vue.jsにはそういうものが何も無かったんです。「無いなら作ろう」ということで、開発しました。

——その作ったライブラリをOSSにしようと思った理由は何かありますか？　普通に考えると、自分たちのプロダクトだけで完結することもできそうに思えました。

kazupon：そうですね。元々OSSという存在が、その頃の自分の中ではもう当たり前になっていたからでしょうか。私が今ほどオープンソースに関わるようになったのは、当時Node.js日本ユーザーグループ（今ではJSConf JP）というコミュニティでの活動です。そのころから当たり前のようにOSSを使っていたので、せっかくライブラリを作るなら、公開して他の人に使ってもらって、みんなが幸せになればいいという感覚が自分のなかで芽生えていましたね（笑）。

――なるほど。コミュニティ活動がそもそも身近だったから、もう自分も作ってOSSにしちゃおうって思っていたのですね。

kazupon：しかも、Vue.jsが登場して間もない頃だったので、自分の作ったOSSが発展して、ほかの人にもたくさん使ってもらえたらいいなって思いがありました。

――実際にリリースしたときは、周りの反応はどうでしたか？

kazupon：最初はあまり反応はなかったですね(笑)。特に初期のころは、ただ自分で作っていただけだったんですよ。

――まず自分が必要だと思ったから作ると。

kazupon：反応が出てきたのは、Vue 1.0になったときですね。結構ユーザーが集まりはじめました。Vue 1.0出たときに最も衝撃が大きかったのが、PHPのLaravelというフレームワークにデフォルトでVue.jsが採用されたことです。それに伴って、Laravelコミュニティのユーザーが Vue.jsを使い始めていて、そのユーザー層からフィードバックが来るようになりましたね。

その頃のPull Requestのなかで、Vue I18nに影響が大きかったのが、パラライゼーション（複数形への対応）の機能です。I18nでは対応しなければいけない機能の1つですが、自分で最初リリースしたときには特に考えていませんでした。日本語には複数形がないですし、自分のプロジェクトで使えればいいやって感じでしたから。ですが、Laravelだとフレームワークの中にはI18nの機能として、複数形対応できる機能があって、そこで使ってたユーザーが、足りなかった機能を補うようになりました。だから、Vue I18nに入ってる複数形は、まさにLaravelユーザーコミュニティのユーザーが書いていた機能です。

――なるほど。そもそも、Vue.js自体の発展とともにVue I18nも発展してきたということですね。

登場したてのVue.jsに惚れた理由は？

――少し話がそれるかもしれないのですが、登場して間もないVue.jsが発展する兆しがあると思っていたのでしょうか？

kazupon：確信があったわけではないのですが、将来的にはブームが来るんじゃないかなって予感はありましたね。Vue.jsの特徴としては、学習のしやすさや使いやすさが挙げられると思いますが、個人的に特にすごいと思っている点が柔軟性です。いろいろなところにVue.jsを入れられることが良い点だと思います。Vue.jsの柔軟性を特に感じたのは、前職のときに、Railsで構築されていたプロダクトにVue.jsを導入したときです。そのときのプロダクトは、バックエンドもフロントエンドもすでに結構できあがっていたんですよ。フロントエンドなんかは、jQueryで実装しまくっていました。そのなかにもかんたんに入れて使えたので、その柔軟性に惚れましたね。

Vue.jsの特徴がどこから生まれたかというと、Vue.js作者のEvan You氏が元々デザイナーだったことだと思います。彼は、Googleの中の当時Googleクリエイティブラボっていうところでデザイナーとして仕事をしていました。そこでメディアアート向けのプロダクトをやっていたときに、彼自身がプロトタイピングするツールが無くて、自ら作ったんです。当時は、Backbone.jsやAngularJSがありましたが、それを使うのがむずかしかったようです。それで、誰でもかんたんに作れるようなものを提供したいっていう思いが、Vue.jsには表れていると思います。その思いが、私もいいなと思った点です。当時のJavaScript界隈のエコシステムは、結構いろいろなものが登場していて、たとえばwebpackやBabelも出ていましたけど、やっぱり黒い画面にコマンド叩くのってエンジニアじゃない人には大変だと思います（笑）。

――学習コストも高いですよね。

kazupon：そういう人たちのために、かんたんに、昔ながらのスクリプトタグをパッと入れて使えるようにしてた点がすごいと思います。エンジニアだけではなく、デザイナーとか、WebアプリやWebサイトに関わる多くの人たちが柔軟に作れるようにしたところに、感銘を受けました。私自身も、当時DX（Developer eXperience）に課題に感じていたので、今後Vue.jsのブームが来るんじゃないかなっていう予感は少しありましたね。

――おー。Vue Fes Japanの時もデザイナーの参加者が多かったと思います。つまり、そのVue.jsの思想は、もうちゃんと実現できているかもしれませんね。

kazupon：そうですね。ここ最近、Vue Fes Japanや自分が主宰するmeetupでも、やはりデザイナーさんとかエンジニアではない参加者が多いですね。割合は半々くらいの感覚です。Vue.jsが広いユーザー層に受け入れられて、さらに周りの人が巻き込まれていると思いますね（笑）。

――kazuponさんもその思想の共感した１人として、Vue.jsも使うようになったし、Vue I18nを作る必要性もあったということですね。

［インタビューを受けるkazupon氏］

Vue I18nを開発したときの困ったこと・障壁

――Vue I18nの話に戻りたいのですが、Vue I18nを作るうえで、障壁や困ったことはありますか？

kazupon：おおまかには2つありました。まず、JavaScript以降システムのNPMをパブリッシュして、リリースするのは初めてだったので、まずドキュメントを英語で書かなければいけないという点が困りました。私はそんなに英語が得意ではないので、Google翻訳などを使いつつ英語のドキュメントを書きましたが、当時は今ほどGoogle翻訳の精度も高くなかったので、苦労しましたね。それから、ドキュメントの書き方自体も最初はわからなかったので、Vue.jsの本体のドキュメントを参考にしつつ、作成しました。

もうひとつの課題は、Vue.jsの進化やバージョンアップにVue I18nを追従させなければいけないことです。これが結構大変でしたね。CTOという役職でありつつ、フルスタックエンジニアとしてプロダクトの開発業務もしつつ OSSのメンテナンスもしなければならなかったので本当に大変でしたが、なんとか時間を確保して対応してました。基本的に夜になっちゃうんですけどね。

あと、メジャーバージョンがアップグレードするときは、OSSでもいろいろなソフトウェアでもそうですが、ブレイキングチェンジ（破壊的な変更）が起きやすいですよね。私の場合、そのサポートする余力があまりなかったので、APIはなるべく変更せずに、基本継ぎ足し的な感じにして、ドキュメントに過去バージョンを新バージョンに変える方法を書く程度にしてしまいました。本来ならば、移行ツールのようなものや移行後の仕様に合わせたドキュメントなどを作るべきだと思います。

――なるほど。それは１人で対応していたのでしょうか？　OSSの開発はGitHubを使うのが一般的になっていますが、バグ報告との対応とか、何らかのしくみを入れていたのでしょうか？　やはり１人だとどうしても、それこそ本業の仕事が忙しくなったとき、OSSの開発もストップしてしまうので、そういう時に、OSSが継続的にどんどんと作られていくしくみみたいなものが必要だと思います。たとえば、どこまでを1人で対応して、バグ対応のしくみはどのように、いつ頃から作ったのかお話いただければと思います。

kazupon：バグ対応のしくみは、Vue 2.0 がリリースされたタイミングくらいから作り始めました。Vue.jsがコアチームというしくみでチームメンバー体制で開発していたときに、Vue.js本体自体もGitHubの投稿される問題やバグ対応のしくみを作り始めていたんですよ。たとえば、GitHubに来た問題やバグ報告をどう対応すればいいのかなどのガイドラインの作成などです。ちょうどその頃から、そのVue.js本体のしくみを真似するような形で、Vue I18nのなかでもしくみを整えていきました。たとえば、コントリビューションガイドラインを作ったり、テンプレートを作って、ほかの人が貢献しやすいPull RequestやIssueを整えた感じですね。

OSSを開発する2つの意義

——Vue.jsやVue I18nの開発・発展についてお話しいただきました。ここで、もう少し視野の広いテーマとして、「OSSを開発する意義はどういうところにあるのか」ということについて聞かせてください。

kazupon：私の中では2つあると思っています。1つは個人的な観点、もうひとつは社会的な観点です。
　個人的な観点は、キャリア形成やスキルアップの面で意義があると思います。まず、エンジニアとして英語のスキルアップができることです。特にOSS活動をやると最初のハードルが英語なんですよね。大体のドキュメントは英語で書かれているので、英語を読まなければいけません。私なんかは特に英語が苦手だったので、英語スキルを磨けたことは大きな意義がありました。
　あとは、単純に技術的なスキルアップです。たとえば、Vue.jsはWebフロントエンドフレームワークなので、最近のWebフロントエンドはどのようなアーキテクチャになっているのか、どのような技術が使われているのか、それを利用してどのようにWebアプリケーションやWebサイトを作るのかといったことが、OSSを使ったり開発しているうちに自然に学べると思っています。

——確かに最近の技術トレンドをキャッチアップすることは、エンジニアのスキルアップにつながりますよね。

kazupon：そうですね。OSSに限らずソフトウェアは、技術面で影響を与えるインパクトが出てくると、パラダイムシフトが起こるので、そういった意味で、OSSに関わってると自然に身についてくると思ってます。Vue.jsだけではなく、今だとたとえばインフラ周りではKubernetesとかDockerとかがあると思います。このあたりの技術も、自然に関わっていくようになります。

それから、これは私だけかもしれませんが、純粋にOSSを開発するのが楽しいということですね（笑）。OSSに関わっていくことで、自分の欲求が満たされるっていうのでしょうか。私の場合OSSを作っていて、自分が作っているものをいろんな人に使ってもらうので、必然とユーザーからフィードバックなどの反応が得られます。そういう反応を得られると、承認欲求を満たしてくれるというか、嬉しいって感覚がありますね。

あとは、エンジニアとして仕事をしていると、ロジカルに考えて開発業務するので、どうしても感情や情熱みたいなものが無いって思われてしまうことが結構あると思います。ですが、OSSの活動にはエンジニアの情熱が出やすいと思っています。エモーショナルな部分ですね。友達と漫画や音楽について好き勝手に話して盛り上がったりするのと同じように、エンジニアも興味がある技術だとエンジニアそれぞれがワイワイ話したりして盛り上がったりします。それがきっかけで、技術コミュニティができて、人間同士のつながりを通して、その場で技術に対する情熱が出てくると思っています。

――ただOSS開発するだけではないということですね。たとえば会社でも、何かビジョンがあって立ち上げるとかあると思いますが、そういった面に似ている部分があるのかもしれませんね。

kazupon：そうですね、ありますね。特にOSSは、新しい技術が登場した時期に生まれやすいと思います。

――もう１つの社会的な観点での意義はどうでしょうか？

kazupon：現在のIT業界だと、ほとんどがOSSベースになっていると思います。みんながOSSを使って、何らかのサービスが作られている。PLAIDの「KARTE」もそうですね。そういった意味で、OSSに関わることは社会的に貢献していると言えるでしょう。開発者にはもちろん、最終的にはサービスやアプリのユーザー側にもフィードバックされて貢献できると、そういった意味があると思います。

――サービスのクオリティももちろん上がるしってことですよね。ありがとうございます。

「KARTE」に自分の開発したOSSを入れるときの苦労とは

――kazuponさんがPLAIDにジョインしたのが2019年４月で、実際に「KARTE」っていう大規模サービスに自分の開発したOSSを入れたわけですが、実際にどのように導入したのでしょうか？　かんたんにOSSを導入できたのか、「KARTE」に入れる際にぶつかった点があったのか、お聞かせください。

- KARTE：https://karte.io/

kazupon：正直な感想を話すと、最初はどうやって進めればよいかわかりませんでした。

前職のときは、プロダクト自体が始めから国際化対応していて、バックエンドではRails I18nなどを使っていました。フロントエンドでVue.jsを採用したときも、コンポーネントの数があまり多くなかったので、最初からスムーズにいきました。

ですが、PLAIDの「KARTE」は、すでに1100以上作られているコンポーネントをいきなり国際化対応するということだったので、試行錯誤の連続でしたね。こんなに大きな規模で国際化対応を進めるのは初めてでした。「KARTE」のI18nチームは当初3人でしたが、まずは、私がとりあえず進めてみて、方向性の感触を掴んだら、やり方などをドキュメントにして展開する形でI18n対応を進めていきました。

Vue I18nは、I18nリソースというメッセージを辞書的なカタログのような形で、JSONなどのフォーマットを扱えます。あと、Vue.jsにはシングルファイルコンポーネントというものがあって、それに、I18n リソースとして扱える機能もVue I18nでは使えます。Vue 18nで国際化対応するベストプラクティスと言われているのは、JSONをプロジェクトのフォルダにうまく入れていく方法です。私も最初はその方法で国際化対応を進めていたのですが、やっていくうちに、1100以上あるコンポーネントすべてに対応するのはちょっとキツくて。

――1箇所に全部集中してると。

kazupon：そうです。ファイル自体が肥大化してしまいます。もちろん、ディレクトリを分けて進めていくのですが、あまりにも量がありすぎてツラかったです。DXが悪かったですね。特に、Vue.jsでフロントエンドを作っているので、シングルファイルコンポーネントに埋め込まれている、テンプレートの記述されたテキストを、I18nのAPIで置き換えていくわけですが、別ファイルになってると、やっぱりキツくて（笑）。

――行ったり来たりみたいな。

kazupon：切り替える作業のコストが最も大きかったですね。なので、途中からは、シングルファイルコンポーネントの中にI18nカスタムブロックを読み込んで、I18nリソースをそこに定義するという感じで進めました。大規模開発でこの方法が開発しやすかったのは大きな学びでしたね。

[KARTEの管理画面]

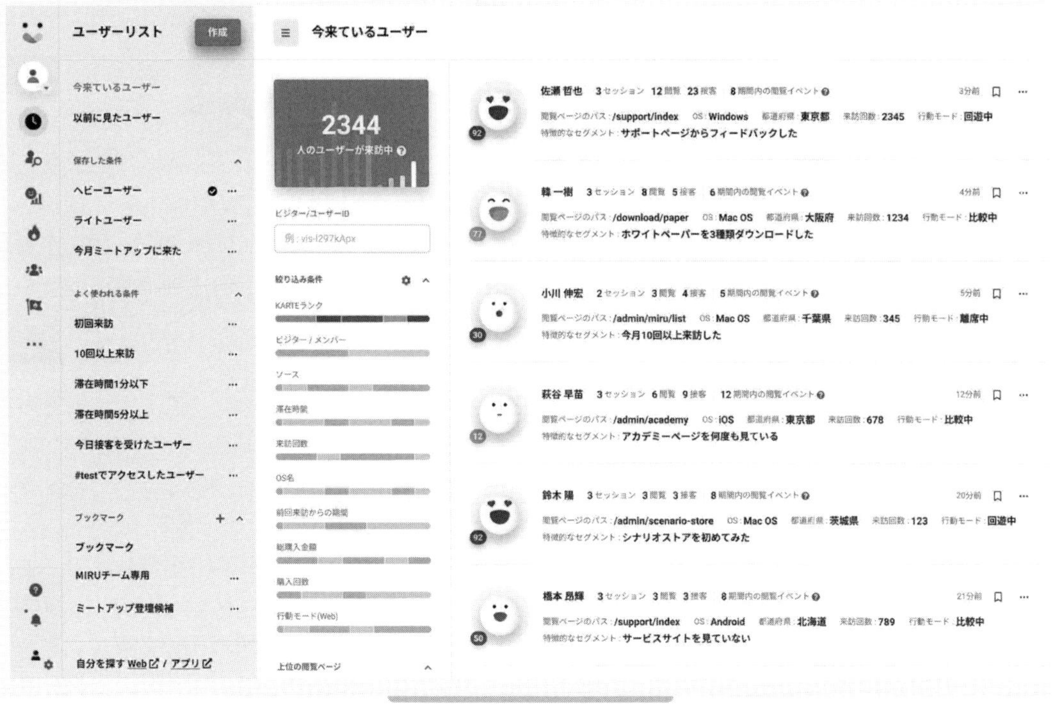

開発フローと翻訳フローを両立するむずかしさ

――私もPLAIDの開発者として、実際に横で見ていました。今では「KARTE」のエンジニアはI18nをテンプレートに書くのが一般になっていますが、その次に障壁があったことは何かありましたか？　たとえば、エンジニア全員が英語をネイティブスピーカーみたいに書けるわけではないので、そのあたりの課題はどのように解決したのかお聞きしたいです。

kazupon：英語の課題はまさにそのとおりです。開発における国際化対応としては、シングルファイルコンポーネントの中に埋め込んでやっていきました。

ただし、基本的に翻訳する方法はいろいろあると思うんですよね。たとえば、「POEditor」というサービスや「Transifex」、「Crowdin」というそういうローカライゼーションサービスを使ったりすると思います。翻訳サービスを使う場合、サポートしているフォーマット形式としては、JSONが多いです。

- POEditor：https://poeditor.com/

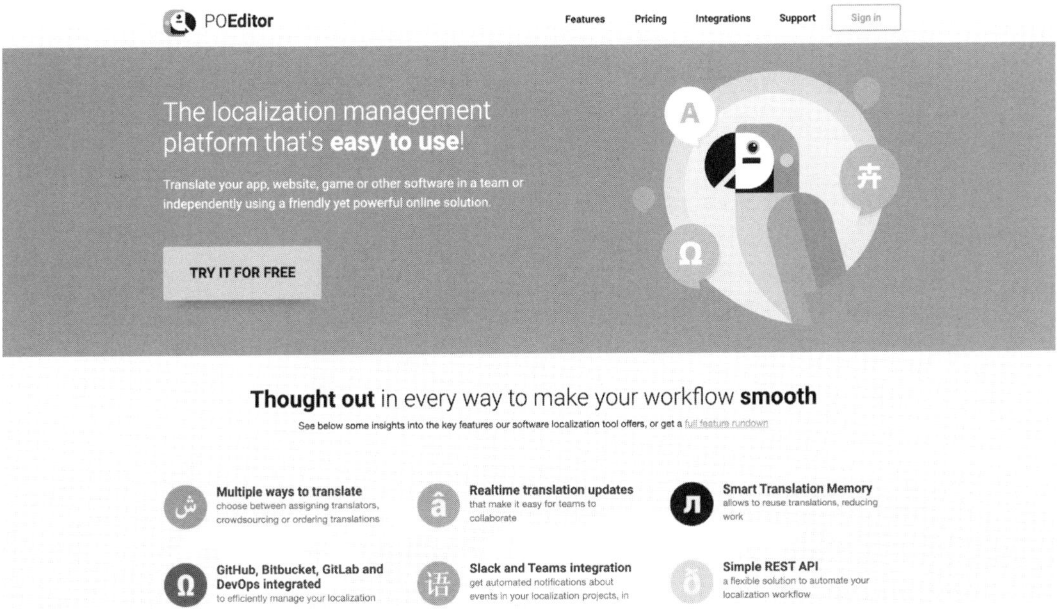

ただ、シングルファイルコンポーネントに埋め込む場合だと、そういったローカライゼーションサービスが使えないので、翻訳がきちんとおこなえないという課題が出てしまいました。GitHubに直接コミットしないといけないので、一般的に翻訳者が翻訳を担当できなくなってしまい、いわゆる開発のワークフローと、翻訳ワークフローを切り分けできないという問題が起きてしまいました。そのため、次に私が取り組んだのは、翻訳ワークフローを切り離すことです。開発ワークフローとできるだけ非同期におこなえるように翻訳ワークフローを作っていきました。

——開発者は普通に自分たちのコードにI18nを入れて、翻訳者はテキストを翻訳し、そこをつなげるみたいな感じでしょうか。

kazupon：そうですね。翻訳テキストとコードをつなげるようなしくみを作りました。いわゆる翻訳業界では、Continuous Localization（継続的ローカライゼーション）とよく言われています。これは、我々エンジニアがよく知っているCI（継続的インテグレーション）と同じような概念です。継続的にローカライゼーションをおこなうしくみを自分で作ったということですね。

本来ならば、ローカライゼーションサービスを提供したもの使えばほんとにかんたんにできます。たとえば、POEditorにも「GitHubインテグレーション」という機能があって、それを使うとJSONなどの形式を指定してかんたんにできます。ただ、シングルファイルコンポーネントに埋め込んでるとそのようなフォーマットは認識できないので、自分で作るしかない状況でした。

――それは、「KARTE」の開発に携わったからこそわかった点でしょうか。

kazupon：そうですね。ほかのプロダクトでも、Vue I18n使って国際化する場合は、先ほども話しましたが、国際化対応のベストプラクティスに従って、I18nリソースを一元管理するディレクトリを使って対応してますね。PLAIDでは、これの方式をグローバル方式って呼んでます。「KARTE」の開発では、シングルファイルコンポーネントにI18nリソースを定義する形でローカル方式して管理していました。

OSSとプロダクトを並行して開発する難しさ

――PLAIDでVue I18nを入れることで、Vue I18n自体もいろいろな進化があったと思いますが、PLAIDに所属しながら、OSSとプロダクトを並行して開発する難しさはありましたか？

kazupon：会社に所属するということは、やはり何らかの価値を提供しなければいけないということだと思っています。会社に価値を提供することと、個人でOSSを開発することのバランスを取るのが難しいですね。OSS開発だけをしていると、どうしても会社の業務寄りの内容ではなくなってしまいます。それでは会社に価値を提供してることになりません。見方によっては、OSSを取り込むことによってプロダクトに還元される内容もあると思いますが、それでもOSSばかりでは社員の業務としては違うと考えています。ほかの社員の目も気になりますし（笑）。

――会社とOSSの両方に貢献したいということでしょうか。

kazupon：貢献したいということですが、できるだけ目に見える形でのアウトプットが必要だと思います。今回のように、会社に所属しながらOSS開発もおこなうのは初めてで、会社とOSSとのバランスが難しいなと今も感じています。

自作のOSS導入のススメ

――なるほど、ありがとうございます。これはちょっと読者に向けてお聞きしたいのですが、自分が開発したOSSを自分の手で実プロダクトに入れることについては、どう思いますか？　今後、OSS開発する方へオススメの方法やアドバイスがあればお聞かせください。

kazupon：ちょっと難しい質問ですね。開発者個人としては、おそらく自分が作ったオープンソース入れることに対するモチベーションはとても高いと思います。やはり自分が作ったものが結果として会社のプロダクトに反映されるということは嬉しいことでしょう。

一方で、会社的な視点で見ると、一個人が作ってるOSSをプロダクトに入れることは問題があるのではないかという意見もあると思います。たとえば、OSSの開発者が会社を退職した場合、誰がメンテンナンスするのかなどです。会社的には問題点も抱えてしまう以上、一概に個人のOSSをどんどんプロダクトに入れるべきだとは言えないと思っています。このあたりは、バランスを取りながら、その都度判断して取り組んでいくべき課題だと思います。

ですが、私自身は最近そういった部分も意識しています。Vue I18nは個人で開発やメンテナンスをしていたのですが、最近はOSSのプロジェクトチームを立ち上げました。「Intlify」というものです。新しいプロジェクトチームをGitHub上に作って、チームメンバーも何人か入れて、OSS活動をしています。今の段階では、まだ最初のロードマップを自分の中で作って進めているのですが、今のところ最初はVueベースで進めて、Vue I18nでVue 3に対応するためにいろいろやっています。できるだけ汎用的な作りにして、ほかの人でもメンテナンスできるようにしたりとかですね。

あと、自分がこれまで作ってきたOSSを立ち上げたプロジェクトに生かして、ほかの人でもメンテナンスできるような体制でOSS開発を試みています。今後はできるだけ自分に依存しない形で開発を進めたいと思っていますね。

- Intlify：https://intlify.dev/

——会社に所属してると属人的になりそうなところを、あえて自分から剥がすために、自分の中で新しいプロジェクトを立ち上げて、会社にもほかの人にも貢献していくということですね。

今後のVue I18nと新しいOSSへの展望

——最後の質問です。Vue 18nやほかのOSSについて今後はどのような発展を目指していくのでしょうか？

kazupon：じつは2年前に「builderscon 2018」というカンファレンスで発表したものがありまして、そこでは先ほど話したことに近い話をしてるんですよ。エモいタイトルになっているのは、「僕が考えるI18nの未来」というテーマで発表したからです。今まさにそのカンファレンスで話したことを実現するために、立ち上げたIntlifyプロジェクトで活動している感じです。

——Intlifyの今後をもう少しお聞かせください。

kazupon：I18nで最も大変な部分は、やはりDXだと思います。今回のPLAIDでの開発でもそう思いました。はじめに国際化対応しようと考えるフェーズというと、PLAIDの「KARTE」もそうだったと思いますが、ある程度サービスが成長してきて、軌道に乗ってきたフェーズなんです。つまり、国際化対応を考えるときには、プロダクトが大きくできあがっている状態ですね。その状態のプロダクトを国際化対応させる場合、あらかじめできあがったものに対して変更するので、開発者としてはとてもつらい作業が必要になってしまいます。すでにできあがったプロダクトに対して、途中から国際化対応させることについては、それをサポートするようなツールが無いんです。特にI18n関連の場合はまったくと言っていいほどありません。

なので、そういったサポートするツールを作っていきたいなと思ってます。たとえば、まさに今回お話ししたワークフローを作るためのツールや、Continuous Localizationをサポートするためのツールですね。そのほかには、今回PLAIDでI18nを進めるなかで副次的にできたリソースマネジメントのツールなどがあると思います。できあがったものに対して洗い出しする作業は、人間の目でやると大変じゃないですか。そのあたりを洗い出すツールなどですね。

まとめて言うと、国際化対応におけるトータル的なDXや翻訳者が作業しやすいような環境・UXをトータル的に作っていきたいです。フレームワークのような形も良いと思っています。それに向けてプロジェクトが始動した段階という感じですね。

——なるほど、もともとはVue.jsで翻訳が必要だったからVue I18nを開発していたけど、今は国際化対応全般についてをメインにプロジェクトを進めたいということですね。

kazupon：そうですね。

――それこそ、Vue.js以外の環境でも貢献する可能性があるってことですよね。

kazupon：そういうことになります。

――ありがとうございました。

最後に

今回kazuponさんに「エコシステムの活用と貢献」をテーマとしてインタビューしました。実際にOSSの開発とプロダクト（kazuponさんの場合だとKARTE）の開発は分断されているものではなく、じつはつながっていて、それらの開発は両者に良い影響を与えていることがわかったと思います。PLAIDとしてはこのようにOSSや開発コミュニティに積極的に参画することはKARTEの進歩にもつながるので推奨しています。もしこのインタビューでVue.jsのコミュニティやPLAIDに興味を持った方はぜひ話を聞きに行ってみてください。ここまで読んでいただき、ありがとうございました。

索引

た行

な行、は行

ま行、や行、ら行

著者プロフィール

野田《のだ》 陽平《ようへい》

株式会社プレイド所属のエンジニア。日本IBMソフトウェア開発研究所を経て、2015年より現職。CX（顧客体験）プラットフォームKARTEの開発をおこなう。プロダクトの機能開発に加え、採用、社内勉強会の立ち上げ、国際化、新プロダクトの開発などにも関わる。共著に『Vue.js入門 基礎から実践アプリケーション開発まで』（技術評論社）がある。

門脇《かどわき》 恒平《こうへい》

株式会社プレイド所属のソフトウェアエンジニア。Webアプリケーションのバックエンド、フロントエンド、iOS/Androidアプリケーション、クラウドインフラなど、幅広く開発を経験。現在は、エンジニアチームの生産性向上やプロダクト開発のプランニングにも取り組む。

山田《やまだ》 敬美《たかみ》

株式会社プレイド所属のデザインエンジニア。Web制作会社でのCSS設計やフロントエンド開発の経験を経て、現在はKARTEのUI実装を担当するかたわら、デザインシステムの構築にも取り組み中。共著に『Sass入門 ～より効率的なCSSコーディング』（Gihyo Degital Publishing）などがある。

高橋《たかはし》 和樹《かずき》

デザイナー/マークアップエンジニア。1985年生まれ知床出身。制作会社、フリーランスを経て2018年より株式会社プレイド所属。UIデザインとHTML/CSSコーディングを軸にさまざまなプロジェクトを経験。プレイドでは新機能のプロトタイピングや、情報設計、フロントエンドの実装を担当。

藤川《ふじかわ》 淳史《あつし》

株式会社プレイド所属のソフトウェアエンジニア。新卒で株式会社プレイドに入社し、CX（顧客体験）プラットフォームであるKARTEのフロントエンド/バックエンド開発を担当。現在は、新規事業開発チームにて新プロダクトの設計と開発をおこなう。

韓《かん》 徹《てつ》

株式会社プレイド所属のソフトウェアエンジニア。2018年より現職。プレイドではCX（顧客体験）プラットフォームKARTEの開発をしている。現在はKARTEの管理画面の改善と新機能開発をおこなっている。

●装丁　　　　　　　トップスタジオ デザイン室（轟木亜紀子）
●本文デザイン・DTP　朝日メディアインターナショナル株式会社
●編集　　　　　　　西原康智

●お問い合わせについて
本書に関するご質問は、FAX か書面でお願いいたします。電話での直接のお問い合わせにはお答えできませんので、あらかじめご了承ください。また、下記の Web サイトでも質問用フォームを用意しておりますので、ご利用ください。
ご質問の際には、以下を明記してください。
・書籍名　・該当ページ・　返信先（メールアドレス）

ご質問の際に記載いただいた個人情報は質問の返答以外の目的には使用致しません。
お送りいただいたご質問には、できる限り迅速にお答えするよう努力しておりますが、お時間をいただくこともございます。
なお、ご質問は本書に記載されている内容に関するもののみとさせていただきます。

●お問い合わせ先
宛先：〒 162-0846　東京都新宿区市谷左内町 21-13
株式会社技術評論社　雑誌編集部
「みんなの Vue.js」係

FAX：03-3513-6173
Web ページ：https://gihyo.jp/book/2021/978-4-297-11902-7

みんなの Vue.js《ビュージェイエス》

2021 年 3 月 3 日　初版　第 1 刷発行

著　者　野田陽平《のだようへい》、門脇恒平《かどわきこうへい》、山田敬美《やまだたかみ》、高橋和樹《たかはしかずき》、藤川淳史《ふじかわあつし》、韓徹《かんてつ》

発行者　片岡　巌
発行所　株式会社技術評論社
東京都新宿区市谷左内町 21-13
TEL：03-3513-6150（販売促進部）
TEL：03-3513-6177（雑誌編集部）
印刷／製本　昭和情報プロセス株式会社

定価はカバーに表示してあります。

ISBN978-4-297-11902-7　C3055

Printed in Japan